Heinz Greif

Bildgestaltung in technischen Berichten

Heinz Greif

Bildgestaltung in technischen Berichten

Die Herstellung aussagekräftiger Foto-Illustrationen

Friedr. Vieweg & Sohn   Braunschweig / Wiesbaden

CIP-Kurztitelaufnahme der Deutschen Bibliothek

Greif, Heinz:
Bildgestaltung in technischen Berichten: d.
Herstellung aussagekräftiger Foto-Ill. / Heinz
Greif. — Braunschweig; Wiesbaden: Vieweg,
1986.
  ISBN-13:978-3-528-03359-0   e-ISBN-13:978-3-322-84349-4
  DOI: 10.1007/978-3-322-84349-4

1986

ISBN-13:978-3-528-03359-0

Vorwort

Zu den Verständigungsmitteln des Naturwissenschaftlers und Ingenieurs gehört neben sprachlichen Mitteln zweifellos das Bild. Beide haben für die Beschreibung naturwissenschaftlich-technischer Eigenschaften ihre Besonderheiten. Diese verstehen sich durchaus nicht von selbst und sind auch nicht Gegenstand der Aus- oder Weiterbildung. Während es aber über die Gestaltung von Fachtexten viele Anleitungen gibt, fehlt eine entsprechende Zusammenfassung für die Bildgestaltung. Dies und die Beobachtung des Verfassers, daß sowohl Studierenden als auch erfahrenen Praktikern viele der Grundlagen nicht jederzeit verfügbar sind, war der Grund, dieses Buch zusammenzustellen. Es sollen die Möglichkeiten und Wege skizziert werden, die es erlauben, die alte Wendung, ein Bild sage mehr als tausend Worte, auch praktisch wirksam werden zu lassen. Die Perfektionierung der fotografischen Technik und die Rationalisierung selbst der Dienstleistungen, hier die fast selbsttätige Herstellung von Papierbildern gleichbleibender Qualität, allerdings auch ganz gleichförmiger Art, hat einen Teil der Möglichkeiten zur individuellen Bildbearbeitung fast in Vergessenheit geraten lassen. Man kann nicht sagen, daß sie einfach überholt seien. Vielmehr sind sie dort, wo es ernsthafte Gründe für ihre Anwendung gibt, geeignet, den darzustellenden Bildinhalt besonders überzeugend wiederzugeben oder die Arbeit in anderer Weise zu erleichtern. Sie sind somit, bezogen auf das angestrebte Ergebnis, durchaus rationell.

Der Techniker kann sich bei der häufig auftretenden Aufgabe, einen Sachverhalt im Bild darzustellen, nur selten auf Helfer stützen, die nicht einfach nach seiner Anweisung handeln, sondern ihn auch beraten können, welche der möglichen Darstellungen jeweils für den betreffenden Zweck günstig ist. In kleineren Betrieben und Institutionen steht ihm oft noch nicht einmal ein Fotograf, Zeichner oder Grafiker zur Seite. Er ist daher gezwungen, sich auf einem Gebiete zu betätigen, das ihm naturgemäß fremd ist. Aber selbst in großen Einrichtungen ist es wünschenswert, daß der Naturwissenschaftler oder Techniker einige Grundkenntnsse bereit hat, um mit den vorhandenen Fachkräften über die Art der Wiedergabe, das Hervorheben des Wesentlichen und mögliche Bildmanipulationen sachgerecht zu diskutieren. Seine Vorstellungen werden sich *dann* genau erfüllen lassen, wenn er nicht nur vage Ideen äußert, sondern sich auch auf die technischen Lösungsmöglichkeiten beziehen kann. Dazu beizutragen, ist der Hauptzweck dieses Buches. Es kann außerdem sein, daß auch für Fotografen, die oft in eingespielter Routine zwar technisch befriedigende, jedoch nicht dem jeweiligen (ihnen oft unbekannten) Zweck optimal angepaßte Aufnahmen liefern, und für Grafiker noch manche Anregung für außergewöhnliche Fälle enthalten ist. Sonderverfahren, die in Fotolehrbüchern als Kuriositäten am Rande behandelt werden, können zu wesentlichen Bildverbesserungen oder zur merklichen Erleichterung der Arbeit führen. Der Eindruck, den mancher in der Darstellung technischer Sachverhälte Tätige haben mag, daß es sich bei diesen Sonderverfahren um formale, eigentlich unnütze Spielereien handelt, ist also unbegründet.

Im folgenden werden durchschnittliche Kenntnise der Fototechnik vorausgesetzt [1, 2, 3, 4]. Es sollen vor allem diejenigen Besonderheiten erwähnt werden, die nicht naheliegend oder die kennzeichnend für die abzubildenden technischen Objekte sind. Naturgemäß können viele Einzelheiten nur skizziert werden. Wir beschränken uns auf einfarbige (sogenannte Schwarz-Weiß-)Bildwiedergaben. Die vielfältigen elektronischen Methoden der Bilderzeugung, -wandlung und -verbesserung sind nur am Rande erwähnt. Den wenigsten Lesern werden solche Möglichkeiten schon heute zur Verfügung stehen.

Der Verfasser dankt den Fachkollegen und Institutionen, die ihm behilflich waren. Sie sind im Bildquellenverzeichnis angeführt.

Köln, im April 1985   Heinz Greif

Inhaltsverzeichnis

1 Die Rolle von Bildern in technischen Texten

Im vorliegenden Zusammenhang hat das Bild Funktionen als

- <u>Hilfsmittel (Werkzeug)</u> <u>für interne Zwecke</u>

  z. B. zur Messung und Registrierung von Bewegungsabläufen, Zuständen usw., als Entwurfsunterlage (in Gestalt technischer Zeichnungen, rechnerunterstützter Entwürfe, Fotoprojektierung), als Gedächtnisstütze oder Notiz

- <u>Informationspaket und objektiver Beleg</u>

  zur Beschreibung von Sachverhalten, die oft auch in Worten, damit jedoch weniger anschaulich und klar, darzustellen wären (in Fachartikeln, Gebrauchsanweisungen, Schulungsunterlagen usw.), zur Dokumentation eines Zustandes nach außen (z. B. für Entwicklungsberichte, Beschreibung von Schadensfällen, Gutachten, Diplomarbeiten, Dissertationen).

Wer wissenschaftliche Arbeiten, Fachartikel oder Diplomarbeiten kritisch durchsieht, kommt nicht umhin festzustellen, daß sich sowohl der Ehrgeiz vieler Verfasser zu angemessenen bildlichen Darstellungen ihrer Ergebnisse als auch die Fähigkeiten hierzu offenbar in dem Maße vermindert haben, wie die technischen Hilfsmittel immer vollkommener

Bild 1-1: Unvorteilhafte technische Darstellung
(der Hintergrund stört)

geworden sind. Es verblüfft vielfach, was für Fotos von den Verfassern als druckreif oder hinreichend geeignet angesehen werden, einen Beweis zu liefern oder den Adressaten von einer Aussage zu überzeugen. Auch die Bereitschaft, die zur Schaffung hochwertiger Bildvorlagen nötigen finanziellen Mittel freizugeben, ist offenbar gesunken.

Bild 1-2: Beleuchtung durch einen Blitz aus Kamerarichtung: Flache, schattenlose Darstellung und schneller Helligkeitsabfall in der Bildtiefe

Bild 1-3: Ungeeigneter Versuch, eine Halbtonvorlage als Strichzeichnung darzustellen (aus einem Prospekt)

Häufige Einwände, die gegen die Beschäftigung des Technikers oder Naturwissenschaftlers mit Fragen der Bildwiedergabe zu sprechen scheinen, sind:

- "Der Aufwand ist viel zu groß". Meist ist gemeint: "Es geht auch so".
Offenbar mindern aber ungeeignete Bildwiedergabetechniken oder nicht
vorteilhaft dargestellte Objekte den Wert des Textes oder die Über-
zeugungskraft der Aussage. Der Zeit- und Geldaufwand für eine verbesserte Wiedergabe von Illustrationen ist allerdings tatsächlich nicht
zu vernachlässigen. Man muß nicht selten 3 ... 5 Arbeitsstunden an
ein Bild wenden, und die speziellen Fotomaterialien, die zum Teil mit-
benutzt werden, sind wirklich recht teuer. Der Aufwand kann aber nur
im Zusammenhang mit dem angestrebten Ergebnis und den Kosten, die
andere Verfahren (bei gleichem Resultat) verursachen, beurteilt werden. Gewiß werden sich manche der Bildbearbeitungen nicht für unter-
geordnete, den Text eher ergänzende Bilder eignen. Für wirklich wichtige Zwecke wird aber der finanzielle und der Zeitaufwand hinzunehmen
sein. Oft bietet sich gar keine andere Möglichkeit, es sei denn, man
verzichtet auf eine überzeugende Darstellung.

- "Jeder soll tun, was er gelernt hat". Der Wissenschaftler oder Ingenieur soll also dem Fotografen oder Grafiker nicht, wie man sagt,
ins Handwerk pfuschen. Wie erwähnt, ist das leider ein recht theore-
tischer Standpunkt. Nicht selten muß der Techniker sowohl sein eigener
Fotograf als auch Gestalter sein. (Es versteht sich, daß unsere Darlegungen eine handwerkliche Ausbildung z. B. als Grafiker oder Retuscheur, nicht ersetzen können oder sollen.)

Ein wesentlicher Teil der folgenden Beschreibungen befaßt sich damit, wie man ein Bild so anfertigt oder umgestaltet, daß es für die
vorgesehene Informationserfassung oder -übermittlung optimal ist. Das
heißt vielfach nicht, daß man lediglich für eine technisch einwandfreie Wiedergabe, also hinreichende Schärfe, passenden Maßstab usw.
zu sorgen und die Schlüsse in jedem Fall dem Betrachter zu überlassen
hat. Wenn auch die Ergebnisse natur- oder ingenieurwissenschaftlicher
Tätigkeiten objektiv, also nicht von persönlichen Ansichten abhängig
sind, so wird es doch oft notwendig oder sinnvoll sein, sie mit einer bestimmten Betonung darzustellen. Es ist unrichtig anzunehmen,

daß jede Art von Veränderungen, hier der Gestalt der Wiedergabe, zur
Verfälschung des objektiven Gehaltes führen muß. (Daß eine solche
Verzerrung möglich ist, läßt sich nicht bestreiten; die natürliche
Grenze für Bearbeitungen wird erreicht, falls Mißverständnisse und
Irrtümer möglich werden. Es ist klar, daß sachfremde Entstellungen,
absichtliche Abweichungen von der Wahrheit und dergleichen /5/ nicht
unser Gegenstand sind, wenn auch manche Manipulationen an die Grenze
stoßen.) Was im betreffenden Zusammenhang jeweils bildwichtig ist, das
heißt dem Zweck der Informationsvermittlung dient (und nicht hiervon
ablenkt), will sorgfältig überlegt sein. Von einem gegebenen Objekt
lassen sich für unterschiedliche Aussagen ganz verschiedene Bilder
anfertigen. Im einzelnen kann der Grund für besondere Bildbearbeitungen oder -darstellungen sein:

- Eine einfache Wiedergabe zeigt denjenigen Teil des Aufnahmeobjektes, auf den es im betreffenden Zusammenhang ankommt, nicht
  deutlich genug, so daß die Aussage nicht hinreichend klar ist.

    Beispiele: Nebensächliche Details oder der Hintergrund stören;
    der Kontrast zwischen bildwichtigen Teilen und deren Umgebung
    ist zu gering; Schlagschatten verdecken Einzelheiten oder täu-
    schen über die Größenverhältnisse; die Schärfe ist nicht über-
    all ausreichend

- Das Objekt soll anders dargestellt werden, als es sich tatsächlich darbietet. Die Veränderung wird nicht verborgen.

    Beispiele: Explosionsdarstellungen (alle trennbaren Teile er-
    scheinen neben- statt ineinander), Phantombilder (äußere und
    innere Teile kombiniert dargestellt), schematische Zeichnung
    statt eines Fotos, Verlaufs- oder Summenbilder

- Das Objekt wird in einen anderen Zusammenhang gestellt, weil das
  technisch weniger aufwendig ist. Die gezeigte Darstellung wäre
  aber ebenfalls zu erzielen.

    Beispiele: Das Fertigungsmuster eines Bootes, von dem ein Foto
    aus der Werft vorhanden ist, wird auf einem See schwimmend dar-
    gestellt; Architekturfotos sollen keine Passanten zeigen

4

- Das Objekt ist aus (foto-) technischen Gründen in einfacher Art
  nicht so wiederzugeben, wie es erwünscht ist.

    Beispiele: Zu großer Kontrast, z. B. sowohl glühende als auch
    dunkle Teile im Bild; zu große Winkelausdehnung; große Objekte,
    die mit vorhandenen Lichtquellen nicht gleichmäßig zu beleuch-
    ten sind

- Die Bilddarstellung soll in einer bestimmten Weise vervielfältigt
  werden, für die aus technischen Gründen das vorhandene Bild wenig
  brauchbar ist.

    Beispiele: Berichte sind durch Kopieren zu vervielfältigen, wo-
    für normale Fotos nicht geeignet sind (wohl aber Strichzeich-
    nungen); Vorlagen für den Druck auf minderes Papier oder nach
    einfachen, preisgünstigen Verfahren

- Eine gegebene Darstellung hat ernsthafte Mängel, die ihre Verwendung an sich auschließen. Sie kann jedoch nicht wiederholt werden.

    Beispiele: Einmalige Aufnahmen sind beschädigt; bereits ge-
    rasterte (Druck-) Vorlagen müssen nachgedruckt werden.

In allen diesen Fällen müssen entweder bei der Aufnahme selbst, was
immer zu bevorzugen ist, oder bei der Bearbeitung gegebener Negative
besondere Verfahren benutzt werden, die nachfolgend besprochen werden sollen.

2 Eine kurze Wiederholung der Grundlagen

2.1 Arten der Bilddarstellung

Bilder in naturwissenschaftlich- technischen Darlegungen können Zusammenhänge oder Objekte zeigen, die körperlich nicht vorhanden (entworfen oder geplant) sind oder Gegenstände abbilden, die wirklich
existieren. Die erste Gruppe ergibt meist Strichzeichnungen, das
heißt Bilder, die nur aus hellen und dunklen Teilen bestehen (z. B.
Tuschezeichnungen). Die fotografische Wiedergabe realer Objekte führt
dagegen zu Halbtonbildern mit unterschiedlich gedeckten Bildteilen.

Neben Konstruktionszeichnungen, Skizzen und Diagrammen der bekannten
Art gibt es auch verschiedene andere Arten von Strichzeichnungen.
Man kann beispielsweise die Abhängigkeit einer Größe von zwei anderen nicht allein zweidimensional, mit unterschiedlichen Parametern,
sondern auch dreidimensional, in isometrischer Projektion oder auch
perspektivisch wirkend, darstellen (Bild 2-1). Die oft, so bei Über-
schneidungen der Umrißlinien, nicht besonders klare Darstellung sucht
man durch die Andeutung von Schatten, Schraffuren und ähnliche Mittel
zu verbessern. Mit besonderen optischen Geräten zu betrachtende Raum-
bilder werden vielfach zweifarbig gedruckt (sog. Anaglyphenverfahren,
/6/). Seitdem die Geräte und Programme allgemein verfügbar sind, ge-

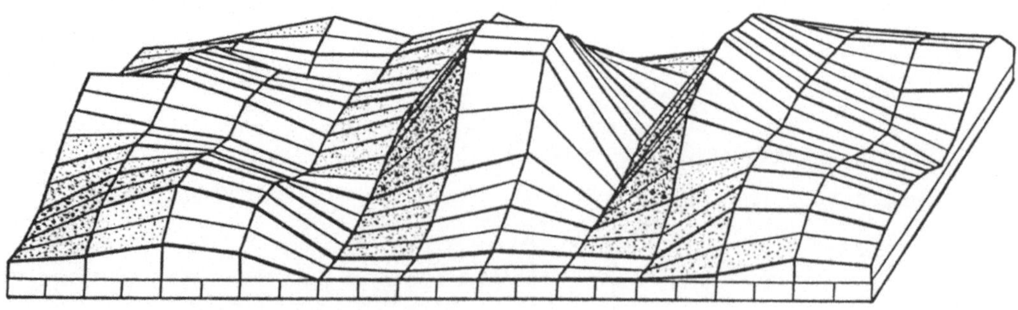

Bild 2-1: Darstellung dreier Veränderlicher

winnt das Verfahren an Bedeutung, Zeichnungen mit Rechnern zu er-
stellen und durch die zugehörigen Plotter wiederzugeben. Rechnerge-
stützte Entwurfs- und Berechnungsmethoden ("computer aided design",
CAD), weiter die Methode der finiten Elemente und andere werden zunehmend zu Standardverfahren bei der Gestaltung von Teilen, der Zu-
sammenstellung sich wiederholender Grundfiguren in jeweils anderer
Weise (etwa für Angebote aus Baukastenteilen), beim materialsparenden
Ausschneiden von Teilen aus Flächen oder der Verteilung elektronischer Schaltelemente auf Leiterplatten (Bild 2-2 bis 2-5). Zum Teil
dienen rechnerunterstützte Darstellverfahren allein der rationellen
Zeichnungszusammenstellung oder -änderung; wesentlicher sind die Methoden, die die
Rechenergebnisse
grafisch wieder-
geben. Es gelingt
heute unter an-
derem, veränder-
liche perspekti-
vische Ansichten
von Körpern, die
elastischen Ver-
formungen, Poten-
tialverteilungen
oder Feldstärke-
verläufe mit
Rechnern zu er-
mitteln und an-
schaulich darzu-
stellen. Für
Zeichnungen, die
im Druck wieder-
gegeben werden

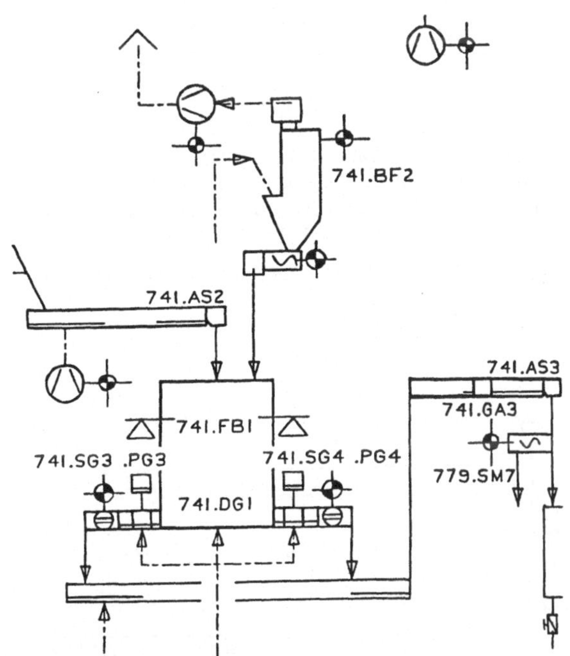

Bild 2-2: Teil einer mit CAD angefertigten Anlagen-
übersicht

sollen, sind ausreichende Strichstärken erforderlich (nach der Verkleinerung auf die endgültige Größe einige zehntel Millimeter). Zu
feine Striche gegebener, nicht wiederholbarer Zeichnungen lassen sich
fotomechanisch verbreitern, vgl. in Abschnitt 5.3.

Fotografische Aufnahmen vorhandener Objekte dienen, wie ausgeführt, entweder als (internes) Werkzeug oder zur Dokumentation nach außen. Fotografische Verfahren als Hilfsmittel zur Prüfung von Fragen, die

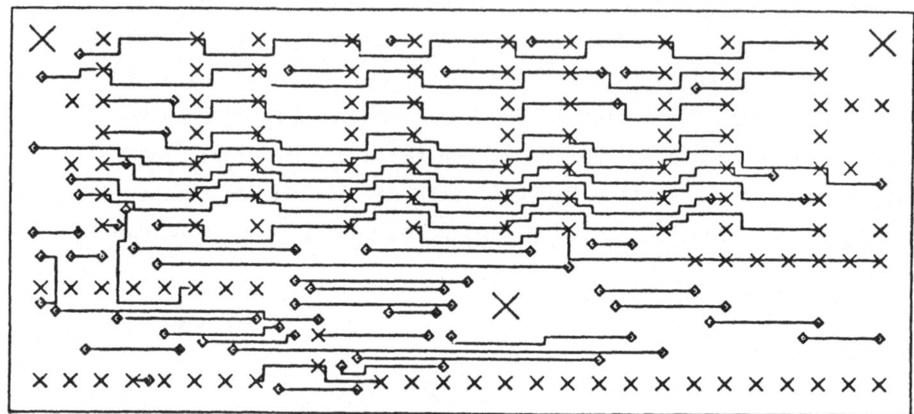

Bild 2-3: (oben) Maschinell gezeichneter Entwurf für eine Leiterplatte

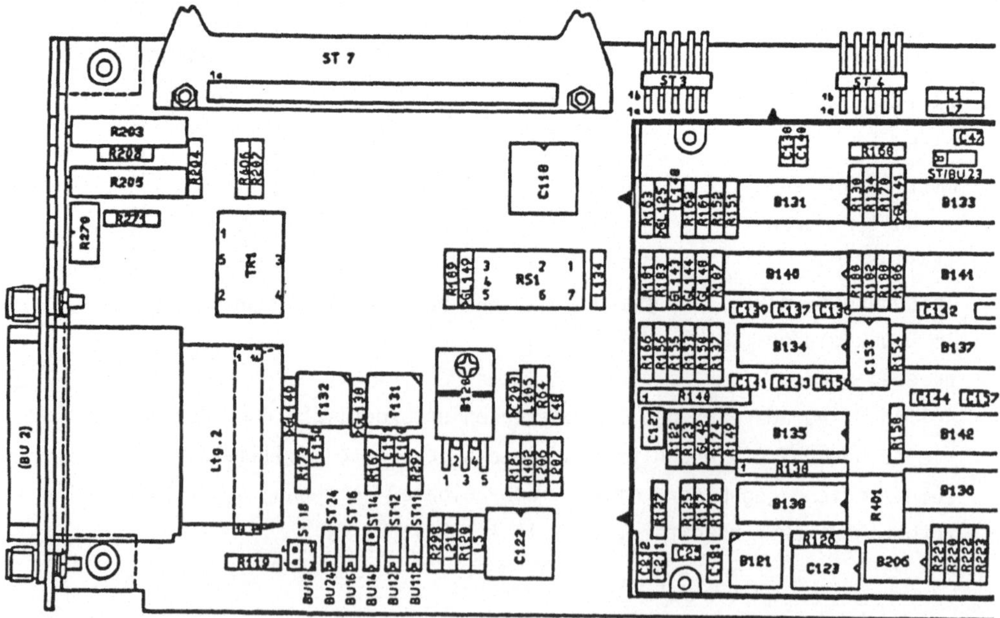

Bild 2-4: (unten) Ausschnitt aus einer maschinell hergestellten Bestückungszeichnung

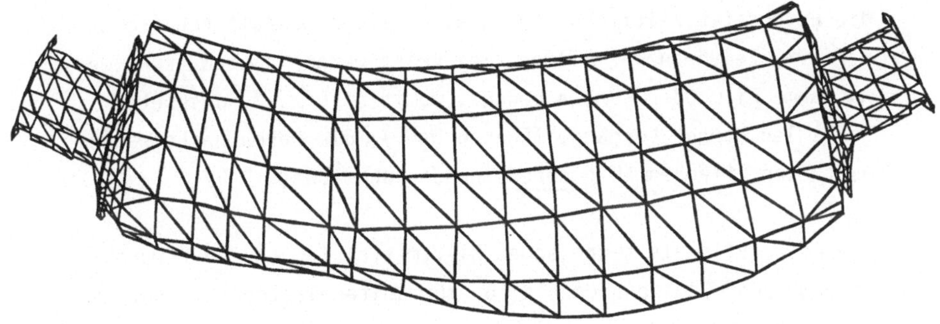

Bild 2-5: Errechnete Verformung einer Rohrmühle, maßstäblich übertrieben

sich anders nur schwer klären lassen, sind dem Anwender spezieller Techniken wohlbekannt. Als Vorteile gelten die Objektivität des Verfahrens (allerdings mit den genannten Einschränkungen), die Vielfalt der Anwendungen und die gleichzeitige Dokumentierbarkeit sowie die Möglichkeit zur Vervielfältigung. Zu erwähnen sind

- die Fotografie mit anderen Strahlungsarten als dem Sichtbaren, z. B. Infrarot-, Ultraviolettaufnahmen, Neutronenstrahl- und Röntgenaufnahmen, Fluoreszenzaufnahmen /3, 7/,

- die astronomische Fotografie (mittels mitgeführter Aufnahmegeräte und Belichtungszeiten bis zu einigen Stunden),

- die Lupen- und Mikrofotografie /8/,

- die Fotografie optischer Erscheinungen wie Schlieren, Spannungszuständen an durchsichtigen Modellen usw.,

- die Stereofotografie, z. B. zur Landvermessung aus Flugzeugen,

- die Aufzeichnung von Interferenzbildern (Holografie),

- die Fotografie zeitlicher Abläufe, z. B. in Gestalt von (Zeit-
  raffer-, Zeitdehner-) Filmen. Teilweise werden auch während der
  Aufnahme Film oder Kamera bewegt, womit sich z. B. diskrete,
  selbstleuchtende Vorgänge (Funken usw.), die rasch nacheinander
  auftreten, flächenmäßig <u>nebeneinander</u> abbilden,

- die Fotografie als technisches Hilfsmittel für An- oder Durch-
  ätzungen und Bedampfungen, z. B. zur Leiterplatten- und Halblei-
  terherstellung /9/ oder zur Erzeugung feiner Strukturen aus Ble-
  chen und Kunststoffen, indem ein Fotolack die nicht wegzuätzenden
  Teile vor dem Ätzmittel schützt,

- fotografische Datenspeicher (Mikrofilme usw.).

In einem Teil dieser Anwendungen werden zunehmend auch elektronische
Hilfsmittel benutzt. Anstatt Wärmeverteilungen mit Infrarotfilm aufzunehmen, gibt man z. B. heute eher die Farbverteilung auf einem Fern-
sehmonitor wieder, die von einem Meßgerät mit Rechner geliefert werden. Einige der genannten Aufgaben werden der bequemeren Handhabung
und den geringeren laufenden Kosten wegen künftig wohl seltener fotografisch ausgeführt werden.

Zu den genannten speziellen Gebieten, die jeweils nur die betreffenden Fachleute beschäftigen, sollen keine Einzelheiten beschrieben
werden. Wir wollen nur auf allgemeiner brauchbare, jedoch wenig bekannte Anwendungen des fotografischen Verfahrens als Hilfsmittel des
Naturwissenschaftlers kurz hinweisen.

Aufnahmereihen <u>schnell verlaufender Vorgänge</u> werden mit Fotokameras
erfaßt, bei denen Filmtransport und Verschlußspannen motorisch erfolgen (z. B. ROBOT und viele Kleinbildkameras mit Zusätzen), mit
Schmalfilmkameras und neuerdings auch mit Videoaufzeichnungsgeräten.
Langsame Vorgänge kann man hingegen mit jeder Kamera aufnehmen. Bekanntlich sind Bildreihen ein anschauliches, überzeugendes Mittel zur
Beschreibung von Veränderungen (Bild 2-6). Die Teilbilder sollen untereinander vergleichbar sein, was man durch gleichartige Aufnahmebedingungen (Objektiv, Beleuchtungsart - soweit möglich-, Standpunkt
und Bearbeitung) sichert.

Bild 2-6: Phasenbilder des Umbaues einer Straßenkreuzung

Um unvermutet auftretende Einzelerscheinungen (oft mit Elektronenblitz) aufnehmen zu können, benutzt man vielfach Zusatzeinrichtungen
wie Kontaktgeber oder Lichtschranken. Periodisch wiederkehrende, rasch
ablaufende Vorgänge, z. B. das Schalten elektromagnetischer Relais
oder die Bildung von Wirbeln an Düsen, lassen sich mit Lichtblitz-
stroboskopen (Elektronenblitzgeräten mit einstellbarer Blitzfolge) vi-

suell beobachten. Die Vorgänge stehen dann scheinbar still oder bewegen sich langsam vor- oder rückwärts. Man kann sie fotografisch (mit einer Zeitbelichtung, also einer Summe von kurzen Einzelbelichtungen) aufnehmen, wobei der Vorteil ist, daß die darzustellende Phase - im Gegensatz zu Blitzbildern - genau gewählt werden kann. Die Abläufe relativ langsamer Vorgänge (Bewegung von Lebewesen usw.) lassen sich auch erfassen, indem bei offenem Verschluß die Beleuchtung durch die Dauerlichtquellen periodisch, etwa durch eine umlaufende Schlitzmaske, unterbrochen wird. Vor schwarzem Hintergrund erhält man so in einem Bild eine Reihe von Phasen nebeneinander dargestellt. Dasselbe ist mit mehreren Elektronenblitzen während der Öffnungszeit des Kameraverschlusses zu erreichen.

Für Arbeits- und Unfallstudien /10/ sind fotografische Verfahren vielfach geeignet. Um etwa die Systematik der Bewegungen bei Montagevorgängen zu zeigen, bringt man den Personen kleine Lichtquellen an den Handgelenken an und nimmt die Bewegungsfolge (bei schwacher Allgemeinbeleuchtung) mit langer Belichtungszeit auf. Die Leuchtspuren zeigen, ob die Anordnung der Teile und die Art der Bewegungen vorteilhaft sind. Indem man die Lichtquellen moduliert und die Belichtungszeit auf einen periodischen Vorgang begrenzt, ist auch der Zeitverlauf festzustellen. Das Registrieren komplexer Vorgänge an Versuchsplätzen, also die Anzeige digitaler Geräte, analoger Zeigergeräte, der Stand von Schaurohren, Uhren usw. gleichzeitig /11/, ist für viele Zwecke brauchbar. Eine langdauernde Aufnahme von Lichtmarkengeräten oder auch Oszilloskopen (als Gleichspannungs- Anzeigegeräte mit abgeschalteter Zeitablenkeinrichtung) ergibt unmittelbar den häufigsten Anzeigewert und die Grenzwerte, die während der Aufnahmedauer erreicht worden sind. Für derartige Aufnahmen sind auch Sofortbildkameras gut geeignet. Ein Registrierverfahren dieser Art verlangt keine aufwendige Auswertung. Die Aufnahme bewegter Objekte mit relativ zu langer Belichtungszeit, infolgedessen merklichen Bewegungsunschärfen, liefert Informationen über Bewegungsrichtung und -geschwindigkeit. Filme, die unter gleichartigen Bedingungen von fast identischen Objekten hergestellt worden sind, lassen sich auf vielfältige Weise vergleichen, z. B. durch Negativ- Positiv- Kombinationen (vgl. in 5.3), wodurch sich kleine, mit anderen Mitteln nur schwer auffindbare Unterschiede darstellen lassen. Mittels Geräten, die zur Körperhöhlenfotografie be-

nutzt werden, nimmt man auch Architekturmodelle von Standpunkt des
künftigen Passanten aus auf.

Geometrische Lagen und andere optisch erfaßbare Erscheinungen (Er-
hitzungen, Blitze, Farberscheinungen, Abnutzungszeichen usw.) kann
man unbeeinflußt aus Fotos entnehmen, und zwar nicht nur qualitativ,
sondern auch quantitativ. Die Intensität der fotografischen Schwärzung ist unter sonst konstanten Bedingungen offenbar ein Maß für die
Strahlungsintensität des Objektes, also z. B. seine Temperaturver-
teilung. Statt der punktweisen Schwärzungsmessungen, wie sie früher
üblich waren /12/, verwendet man heute flächenhafte Verfahren (vgl.
in 4.7), die keine derart zeitraubenden Messungen erfordern.

Soweit ein Blick auf Anwendungen der Bilddarstellung, insbesondere
der Fotografie, als Hilfsmittel. Nachfolgend beschäftigt uns das
Foto als objektiver Beleg zur Informationsvermittlung nach außen hin.

2.2 Die Kamera und andere Hilfsgeräte

Von der Kamera, die für technische Zwecke benutzt wird, ist im allgemeinen zu verlangen, daß sie Bildausschnitt und Schärfeverteilung
zu überprüfen erlaubt. In Betracht kommen daher in erster Linie
(einäugige) Spiegelreflexkameras sowie Planfilm-/ Plattenkameras.
Das Negativformat muß mindestens 24 mm x 36 mm (Kleinbild) sein.
Für hochwertige Aufnahmen bevorzugt der Fachmann Negativformate zwischen 6 cm x 6 cm und 13 cm x 18 cm. Großformatkameras bieten oft
beträchtlichen Komfort, z. B. Verstellmöglichkeiten für die Objektiv-
und die Filmebene. Für die meisten Aufnahmen, von denen hier die
Rede ist, reichen aber die üblichen Kleinbild- Spiegelreflexkameras
aus. Von wenigen Ausnahmen abgesehen, sind dagegen ungeeignet

   - Kameras mit kleineren Negativformaten, z. B. Pocketkameras,
   - Kameras mit einfachen, nicht auswechselbaren Objektiven oder ge-
        trennten Suchern sowie
   - Sofortbildkameras (da sie kein Negativ liefern, das in üblicher
        Weise zu verarbeiten ist).

Für die Gebrauchseigenschaften einer Kamera ist unter anderem das
Objektiv wesentlich. Markenobjektive unterscheiden sich heute in der
Qualität des Bildes nur wenig, dagegen in der (Anfangs-) Lichtstärke,
in Brennweite und besonderen Zusätzen (Springblende, erweiterter Bereich der Schärfeeinstellung, Brennweitenänderung). Die Lichtstärke
ist das Verhältnis des wirksamen Objektivdurchmessers zur Brennweite
des Objektivs, z. B. 1 : 2,8. Der Kehrwert (2,8) ist die niedrigste
Blendenzahl. Von einer Blendenzahl (1,4; 2; 2,8; 4; 5,6; 8; 11; 16;
22) zur nächsthöheren halbiert sich jeweils die Beleuchtungsstärke in
der Bildebene. Um bei konstanten Verhältnissen dieselbe Filmschwärzung
zu erzielen, ist demnach jeweils die Belichtungszeit zu verdoppeln,
vgl. auch in 2.3. Die Lichtstärke ist für den allgemeinen Gebrauch
keineswegs, wie oft angenommen, das wesentlichste Qualitätsmerkmal
eines Objektives. Sie erweitert seine Brauchbarkeit nur für die
(selten anzutreffenden) ungünstigen Lichtverhältnisse. Zu Aufnahmen
bei mittleren Blendenzahlen wie 5,6 oder 8 sind alle Objektive unabhängig von ihrer Anfangslichtstärke gleichermaßen brauchbar.

Die Brennweite des Objektives bestimmt bei konstanter Aufnahmeent-
fernung den Abbildungsmaßstab, daneben auch Baulänge des Objektivs
und die Tiefenschärfe, vgl. anschließend. Kurzbrennweitige Objektive
- für Kleinbildkameras mit Brennweiten zwischen 24 mm und 35 mm -
ergeben eine kleinere Abbildung als Normalobjektive (45 ... 60 mm)
oder Teleobjektive (über 105 mm). Da das Negativformat vorgegeben
ist, erfassen kurzbrennweitige Objektive demnach auch einen größeren
Bildwinkel (sog. Weitwinkelobjektive). Solche Objektive liefern in den
Bildern oft eine übertrieben erscheinende Perspektive. Hingegen vermindern Teleobjektive die vorhandene räumliche Stufung (vgl. in 3.2).
Für Nahaufnahmen muß der Abstand zwischen Objektiv und Ding bei kurzen Brennweiten relativ klein sein, was oft unbequem ist. Für Aufnahmen mit einem Abbildungsmaßstab von etwa 1:5 bis 1:1 auf dem Film-
negativ verwendet man daher gern Brennweiten zwischen 135 und 200 mm.
Es macht große Schwierigkeiten, sowohl sehr kurzbrennweitige als auch
langbrennweitige Objektive mit derselben Anfangslichtstärke (1,4 ...
2,8) herzustellen wie Normalobjektive. Die Sonderobjektive haben daher oft größte Blendenöffnungen von 2,8 bis 4.

Der Einstellbereich von Objektiven unterschiedlicher Brennweite (und
verschiedener Bauart) unterscheidet sich erheblich. Weitwinkelobjektive lassen sich auf kürzere Entfernungen (von unendlich bis zu 30 cm
oder 20 cm) einstellen als Teleobjektive (bis 1,5 m). Mit Zwischen-
ringen oder stufenlos einstellbaren Balgengeräten wird der Abstand
zwischen Objektiv und Kamera vergrößert und damit die kürzeste ein-
stellbare Entfernung herabgesetzt. Nahaufnahmen, die kleine Objekte
zeigen, erfordern meist solche Zusätze. Man versucht natürlich bei
der Aufnahme, einen großen Teil des Filmformates auszunutzen.

Für Nahaufnahmen werden in seltenen Fällen auch Vorsatzlinsen verwendet. Sie verschlechtern nur bei starker Abblendung die Bildqualität
moderner Objektive nicht merklich. Zur Herstellung extremer Nahaufnahmen wird gelegentlich empfohlen, die Objektive mittels der erhältlichen Umkehrringe umzudrehen, das heißt mit der Hinterlinse auf das
Objekt zu richten. Die Korrektur ist dann etwas besser. Allerdings
ist der Unterschied nur schwer nachzuweisen.- In seltenen Ausnahmefällen, etwa bei Weitwinkel- Architekturaufnahmen, kann unter Umständen statt eines Objektives ein kleines Loch (wesentlich unter 1 mm
Durchmesser) dienen /3/. Die Lochkamera liefert - bei extrem langen
Belichtungszeiten - unverzeichnete Bilder bis zu Bildwinkeln von
fast 180° . Gestochen scharfe Bilder sind allerdings nicht zu erwarten. Die einheitliche Unschärfe liegt in der Größenordnung des
Lochdurchmessers. Man wird demnach großformatige Filme oder Platten,
also nicht Kleinbildmaterialien, benutzen und die Aufnahmen verkleinern.

Aufnahmeobjekte stehen im allgemeinen nicht parallel zur Filmebene.
Nur die Gegenstände in der eingestellten Entfernung werden ganz
scharf abgebildet. Vor und hinter der Einstellentfernung besteht aber
noch ein Bereich, in dem die Unschärfe nicht merklich ist. Man nennt
ihn den Tiefenschärfebereich. Die Tiefenschärfe reicht von der eingestellten Entfernung etwa zu 1/3 zur Kamera hin und zu 2/3 in die
Bildtiefe. An den Objektiven ist meist der Tiefenschärfebereich ab-
zulesen. Er ist für ein gegebenes Objektiv um so größer, je höher
die Blendenzahl gewählt wird. Kurzbrennweitige Objektive haben bei
gleicher Blendenzahl bei weitem größere Tiefenschärfebereiche als Objektive mit langer Brennweite. Teleobjektive müssen daher vielfach er-

heblich abgeblendet werden, um eine ausreichende Schärfestaffelung
zu erreichen. (Deswegen ist es meist unnötig, sie mit großer Anfangslichtstärke zu bauen.) Die angegebene Tiefenschärfe gilt für normale
Vergrößerungsmaßstäbe des Negativs, also z. B. nicht für extreme Aus-
schnittvergrößerungen.

<u>Weitere Objektivmerkmale</u> sind:

- Vergütung (reflexmindernde, bläulich schimmernde Schicht auf den
  Linsenflächen, heute Standard),

- Springblende (die Einstellung der Entfernung erfolgt bei offener
  Blende, wo dies wegen der verringerten Tiefenschäfe einfacher
  ist; unmittelbar vor der Aufnahme schließt sich die Blende
  des Objektivs auf den voreingestellten Wert),

- Baulänge (sog. echte Teleobjektive sind kürzer als ihre Brennweite),

- Veränderliche Brennweite (stufenlos einstellbar z. B. zwischen 80
  mm und 300 mm. Oft ändern sich dabei Blendenöffnung und Bildqualität).

Sehr langbrennweitige Objektive werden statt als Linsen- auch als
Spiegelobjektive geliefert. Ihre Baulänge beträgt dann weniger als
die Hälfte der Brennweite, was die Handhabung sehr erleichtert.

Bei aller Qualität, die die Markenobjektive verkörpern, haben sie
doch aus physikalischen Gründen kennzeichnende <u>Abbildungsfehler</u>. Mit
offener Blende (niedrigster Blendenzahl) sind sie deutlicher als für
kleineren Blendenöffnungen. Kurzbrennweitige Objektive verzeichnen
am Bildrand stärker als Objektive längerer Brennweiten; der Abbildungsmaßstab ist, streng genommen, am Bildrand ein anderer als in
der Achse, woraus sich kissenförmige oder tonnenförmige Verformungen
rechteckiger Figuren ergeben. Das ist zu beachten, wenn Negative oder
Positive geometrisch auszumessen sind oder mehrere Teilbilder anein-
andergefügt werden sollen. Bei sehr kurzen Brennweiten, also großen
Bildwinkeln, tritt ein deutlicher Helligkeitsabfall zum Bildrand hin
auf, eine Vignettierung. Das kann zu Fehlern bei Schwärzungsauswertun-
gen (vgl. Abschnitt 4.7) führen.

16

Die wirksame Brennweite gegebener Objektive läßt sich durch Vorsätze
(d. h. Zerstreuungslinsen) verdoppeln. Bei gleicher Blendenzahl ist
hiermit die Belichtungszeit zu vervierfachen. Damit sich die Bildqualität nicht zu sehr verringert, ist eine erhebliche Abblendung ratsam.

<u>Farbfilter</u> (vor den Lichtquellen oder häufiger vor dem Objektiv) sind
geeignet, die Graustufung im Schwarz- Weiß- Bild farbiger Objekte zu
verändern /13/. Ein Farbfilter erscheint im weißen, d. h. additiv aus
ganzen Wellenlängenbereichen zusammengesetzten Licht, <u>deshalb</u> in einem
Farbton, weil es hauptsächlich Licht derjenigen Wellenlängen durchläßt,
die seiner Eigenfärbung entsprechen, und die komplementären Farben
absorbiert. Einander komplementär sind

   rot/ blaugrün, orange/ blau, gelb/ violett.

Durch ein Rotfilter gesehen, ist der Kontrast zwischen einer roten
Vorlage und dem weißen Untergrund minimal. Das rote Objekt reflektiert
gerade alle die Anteile, die das Filter auch von einem weißen Gegenstand fast ungeschwächt durchlassen würde. Dagegen werden die blauen
und grünen Anteile des farblosen Lichtes fast vollständig absorbiert.
Daher vermindert ein Farbfilter den Kontrast zwischen Weiß und seiner Eigenfarbe. Der Helligkeitskontrast zwischen der Eigenfärbung und
der Komplementärfarbe steigt hingegen (Bild 2-7). Die gegenseitige
Abstufung der Farben als Grauwerte hängt für einen gegebenen Film
natürlich auch von der Lichtzusammensetzung ab. Bei Licht mit hohem
Rotanteil (Glühlampenlicht) wird ein Rotfilter sehr wirksam sein.
Bei geringem Rotanteil (Licht von Leuchtstofflampen) kann er dagegen
kaum Änderungen bewirken. Farbfilter erfordern durchweg eine Verlängerung der Belichtungszeit, oft auf das Zwei- bis Vierfache derjenigen Zeit, die ohne Filter nötig wäre, bzw. eine geringere Abblendung.

Vom Augeneindruck kann man übrigens nur sehr ungenau auf die spek-
trale Durchlässigkeit schließen. Ein Rotfilter läßt nicht nur langwel-
lige Anteile durch, sondern oft auch merkliche Teile des benachbarten
Spektrums. Fast gleich aussehende, sog. bedingt gleiche Farbfilter
können zu sehr unterschiedlichen Ergebnissen führen.

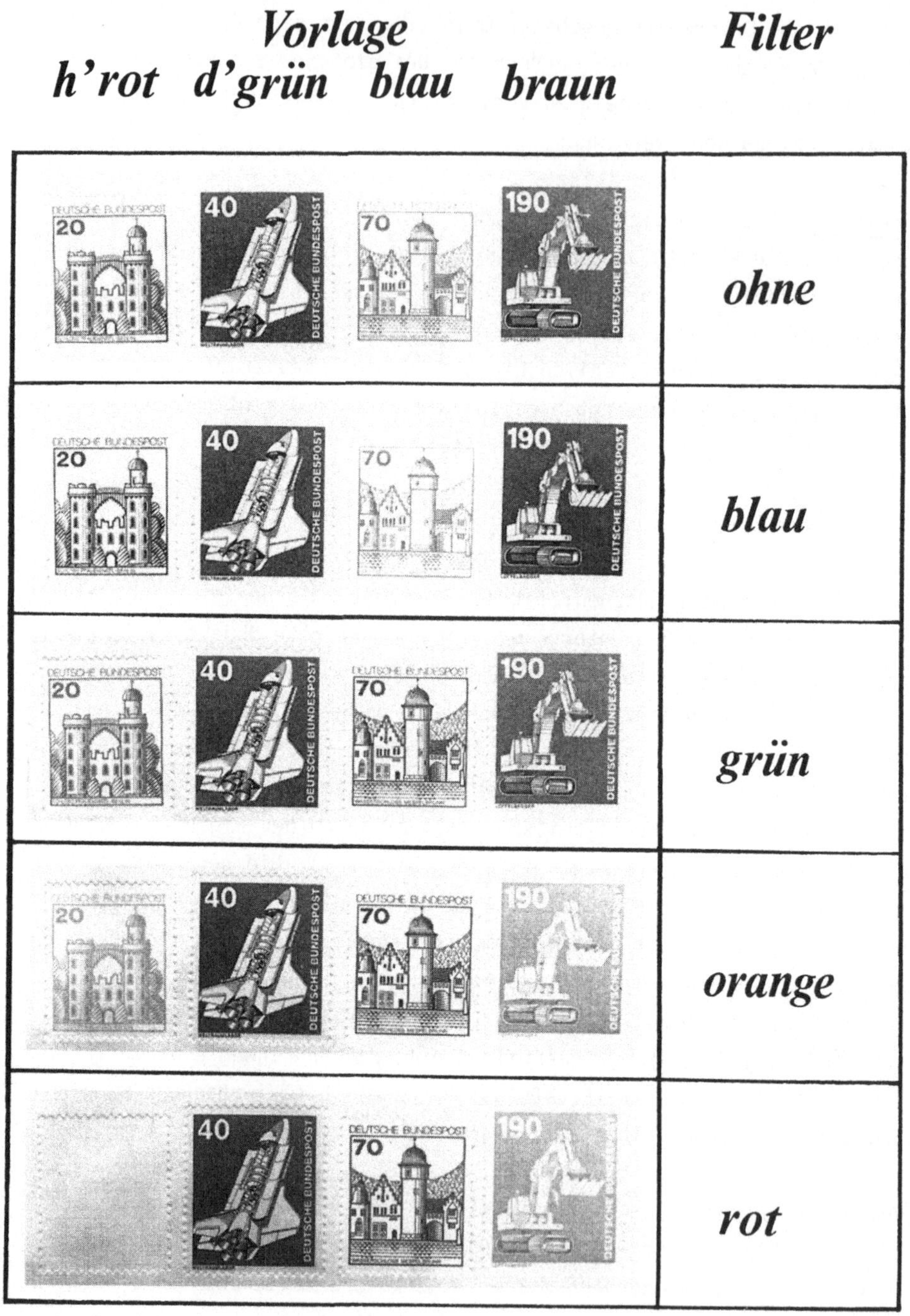

Vorlage   *Filter*

h'rot   *d'grün*   *blau*   *braun*

	Filter
	ohne
	blau
	grün
	orange
	rot

Agfapan 25 bei Tageslicht

Bild 2-7: Wirkung von Farbfiltern

Farbfilter werden in unserem Zusammenhang benutzt, wenn entweder
Störungen (z. B. Flecke der Filter- Eigenfarbe, vorgedruckte Hilfs-
linien) unterdrückt oder die Kontraste (bei Objekten in der Komplementärfarbe) gesteigert werden sollen.

Filter für Wellenlängengebiete außerhalb des Sichtbaren sind einesteils UV- Sperrfilter (für Fernaufnahmen), andererseits Infrarotfil-
ter, die keine sichtbare Strahlung, sondern nur die Infrarotanteile
durchlassen. Die letzten werden für Aufnahmen auf Infrarotfilm vor-
geschaltet. Neutralgraufilter benutzt man in seltenen Fällen, um
die Belichtungszeit wesentlich zu verlängern. Es gibt Bauarten bis
zu einer Dichte, die eine 400- fache Verlängerung der Belichtungszeit erfordert, ferner Graufilter verstellbarer Dichte (Polarisa-
tionsfilterkombinationen). Der Sinn einer solchen extremen Verlängerung der Belichtungszeit besteht z. B. darin, in Architekturaufnahmen, bei denen Passanten oder der Straßenverkehr nicht ferngehalten
werden können, durch Integration über lange Zeit nur die ortsfesten
Gegenstände abzubilden. Alle anderen werden nicht sichtbar, soweit
sie nicht Leuchtspuren hinterlassen.

Polarisationsfilter dienen zur Minderung unerwünschter Reflexe. Von
vielen Materialien wird das natürliche, nicht polarisierte Licht
durch Reflexion dahingehend verändert, daß es nunmehr überwiegend in
einer Ebene schwingt. Das Auge und der fotografische Film können solches polarisiertes Licht nicht von natürlichem Licht unterscheiden.
Das wird erst möglich, wenn man das Gemisch aus natürlichem und pola-
risiertem Licht durch ein vor dem Objektiv angebrachtes (lineares)
Polarisationsfilter treten läßt. In einer bestimmten Winkelstellung
löscht es den polarisierten Anteil aus. Dadurch werden oft störende
Reflexe vermindert. Der Effekt hängt vom Auffallwinkel des Lichtes
und der Art der reflektierenden Oberfläche ab; bei Kunststoffen ist
er stark, bei Glas und Mineralien merklich ausgeprägt. Metalloberflä-
chen polarisieren das auffallende Licht dagegen kaum. Für Aufnahmeobjekte, deren Reflexe bildwichtig sind (Glas, Porzellan usw.), mindern
Polarisationsfilter unter Umständen auch den beabsichtigten, kenn-
zeichnenden Glanz oder die Vielfalt der Reflexionen. Dagegen sind
sie nützlich, wenn Gegenstände hinter oder auf Glasscheiben aufzu-

nehmen sind, z. B. in Vitrinen oder bei der schattenlosen Aufnahme
kleiner Teile, vgl. in 3.3.

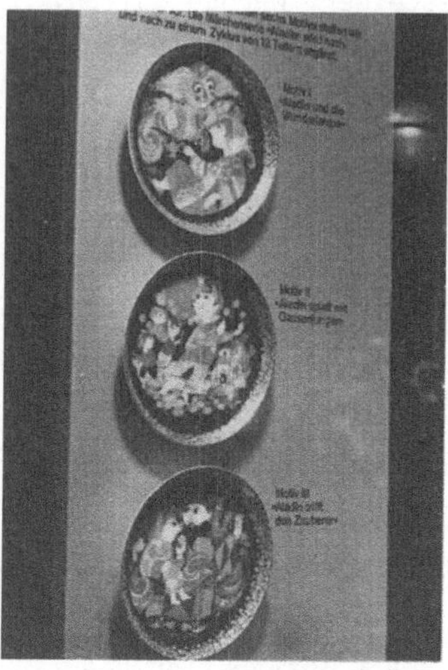

Bild 2-8: Objekt hinter Glas, links ohne, rechts mit Polarisationsfilter
aufgenommen

Ein wesentliches Hilfsmittel für die meisten technischen Aufnahmen
ist das Stativ. Damit in Zusammenhang ist auch darüber zu sprechen,
wie die Belichtung des Filmes erschütterungsfrei erfolgen kann.

Eine in der Hand gehaltene Kamera bewegt sich während der Belichtung.
Sofern die Relativbewegung zwischen dem entworfenen Bild und dem Film
höchstens in der Größenordnung der Abbildungsfehler und sonstiger
Störungen (Filmkörnung usw.) liegt, bemerkt man das nicht. Deutlich
werden solche Bewegungsunschärfen an unbewegten Objekten aber bei
langen Belichtungszeiten (unter 1/20 s mit Normalobjektiv), bei der
Benutzung langbrennweitiger Objektive und bei Nahaufnahmen. Eine Ursache dieser Kamerabewegung ist das Auslösen des Verschlusses, was
nur selten ganz ruckfrei möglich ist; bei Spiegelreflexkameras entsteht durch das Hochklappen des Spiegels unmittelbar vor der Belichtung eine deutliche Erschütterung. Hinzu kommt die Unruhe der Hand
und gegebenenfalls des Untergrundes. Aber selbst für ganz kurze Belichtungszeiten ist die Verwendung eines Statives deshalb sinnvoll,
weil man nur so Ausschnitt, Blickwinkel usw. sorgfältig wählen und

gleichartige Aufnahmen nacheinander herstellen kann. Langbrennweitige
Objektive sollen, soweit möglich, immer auf Stativen benutzt werden.

Hinsichtlich der Stabilität der meisten Fotostative macht man sich
leicht übertriebene Vorstellungen. Für Zeitaufnahmen ist es ratsam,
einige Kniffe anzuwenden, um zumindest den Ruck durch das Verschluß-
auslösen zu vermeiden. Oft empfiehlt es sich, bei Belichtungszeiten
von 1/20 s bis zu 1 s den Selbstauslöser zum Auslösen zu benutzen und
die Kamera noch mit der Hand festzuhalten, um Vibrationen zu dämpfen.
Für Zeiten über 1 s, wie sie häufig vorkommen, braucht man einen fest-
stellbaren Selbstauslöser, vorteilhaft eine - heute selten erhältliche -
Ausführung für Einhandbedienung. Bei nicht sehr stabilen Stativen
empfiehlt sich, die Belichtung durch Strahlfreigabe und -unterbrechung
zu begrenzen. Vor dem Auslösen hält man einen mattschwarzen, unbeleuch-
teten Gegenstand vor das Objektiv, löst den Verschluß aus, stellt den
Auslöser fest und gibt erst nach einigen Sekunden den Strahlweg frei.
Die anfänglichen Erschütterungen durch das Auslösen des Verschlusses,
die noch verbleibenden Vibrationen usw. haben sich nun ausgeglichen.
Die Belichtungszeit beendet man ebenfalls durch Strahlunterbrechung
und schließt erst dann den Verschluß. Bei Kunstlichtaufnahmen in dunklen Räumen kann man statt dessen auch das Licht ein- und ausschalten.
In technischen Anlagen vibriert oft der Boden, was vor allem bei Verwendung von Teleobjektiven zu vielfach unerklärlicher Unschärfe führen kann. Abhilfe ist zwar möglich, aber oft zu aufwendig: Es läßt
sich eine große, schwere Platte mit Gummiunterlagen federnd anbringen
und darauf das Stativ stellen. Im übrigen versteht sich, daß die
Stativbeine für Zeitaufnahmen unverrückbar feststehen müssen, auch
z. B. in losem Sand (mit tellerförmigen Untersätzen). Kameras mit sehr
langbrennweitigen Objektiven werden meist am Objektiv, nicht an der
Kamera, auf dem Stativ befestigt.

Ein nützliches Hilfsmittel für das Montieren von Filmen, für Retuschen usw. ist ein Leuchtpult. Man kann es auch behelfsmäßig durch
eine große Glasplatte und eine Schreibtischleuchte ersetzen. Zum Kopieren läßt sich unter anderem der immer vorhandene Vergrößerungs-
apparat benutzen. Die Vorlage und die unbelichtete Schicht werden ge-
geneinandergelegt und mit einer fehlerfreien Glasplatte beschwert.
Indem man das Vergrößerungsgerät auf starke Vergrößerung (große Ent-

fernung zur Bildebene) einstellt und abblendet, also mit gerichtetem
Licht, lassen sich auch mehrere übereinandergelegte Filme ohne Schär-
feverlust kopieren, was in herkömmlichen Kopiergeräten mit gestreutem
Licht nicht möglich ist.

Manche Objekte können bei der gegebenen Beleuchtung aufgenommen werden, z. B. im Tageslicht. Infolge der integrierenden Wirkung der fotografischen Schicht lassen sich unbewegte Objekte an sich bei jeder
Helligkeit fotografieren, gegebenenfalls mit langen Belichtungszeiten.
Man hat nur darauf zu achten, daß die Kontraste weder zu gering sind,
was bei vollständig gestreutem Licht auftreten kann, noch zu groß werden. Ein Teil der Vorlagen muß mit den ihnen eigenen Lichtquellen erfaßt werden, etwa bei selbstleuchtenden Vorgängen. Der dadurch oft
zu hohe Kontrast im Bild kann aber, ohne daß es deutlich sichtbar
wird, durch Zusatzbeleuchtung ausgeglichen werden. Für die meisten
anderen Zwecke werden besondere Aufnahmelichtquellen gebraucht. Sie
sollen einesteils eine ausreichende Helligkeit erzeugen, um mit den
aus anderen Gründen nötigen kurzen Zeiten oder kleinen Blenden arbeiten zu können, andererseits auch den Bildcharakter formen. Neben den
bekannten Fotolampen und dem Tageslicht kommen als Momentlichtquellen
auch Elektronenblitze /14, 15/ in Betracht. Für Nahaufnahmen benutzt
man ferner oft kleine Reflexfolien, Spiegel oder lichtstreuende Materialien. Elektronenblitzgeräte lassen sich unter anderem, von der Kamera getrennt, auch als Lichtquellen für Aufnahmen benutzen, die mit
langer Belichtungszeit hergestellt werden, natürlich nur, um unbewegte
Objekte aufzunehmen. Man löst nacheinander mehrere Blitze aus. Notwendig ist hierzu allerdings, daß kein zu helles Dauerlicht stört. Mit
der Kamera verbunden, ergeben Elektronenblitze oft die bekannten, mangelhaften Blitzbilder mit sehr hellem, undifferenzierten (überbelichteten) Vordergrund und rasch dunkler werdenden Hintergrund. Vor allem
für Motive mit deutlicher Tiefenstaffelung ist ein einzelner Blitz
aus der Betrachtungsrichtung (vgl. S. 2) nur ein Notbehelf. Man vermeidet solch mangelhafte Darstellungen dadurch, daß man entweder einen
zweiten Blitz bzw. andere Lichtquellen mitverwendet oder den Blitz
nicht auf das Objekt, sondern die Decke oder eine Wand richtet. Die
Leitzahl, die der Hersteller des Blitzgerätes angibt, ist dann zu hal-
bieren oder noch weiter herabzusetzen. Diese Leitzahl ist das Produkt
aus der für die richtige Belichtung (bei mittelhellen Objekten) erfor-

derlichen Entfernung zwischen Blitz und Gegenstand sowie der Blendenzahl (z. B. Leitzahl 20: Bl. 2 mit 10 m Abstand zum Objekt, Bl. 4
mit 5 m Abstand usw.). Die Leitzahlen sind natürlich nur für eine bestimmte Filmempfindlichkeit gültig und für den Fall gedacht, daß der
Blitz das Objekt allein beleuchtet (also nicht für Mischlicht wie
z. B. Glühlampenlicht und Blitz gemeinsam oder die Beleuchtung durch
mehrere Blitze). Auch die Reflexionsverhältnisse spielen eine Rolle.
In weiten, dunklen Räumen oder im Freien hat man eine kleinere Leitzahl anzusetzen als in kleinen, hellen Räumen, wo ein Teil des Lichtes, das nicht auf die Vorlage gerichtet ist, durch Reflexion an den
Decken und Wänden doch zur Aufhellung beiträgt. Die Wirkung der heute
vielfach eingebauten Blitz- (Belichtungs-) automatik - die Blitzdauer
wird beendet, wenn die vorgesehene Lichtmenge erreicht ist - darf
nicht überschätzt werden. Das fotografische Ergebnis ist auch mit einer solchen Automatik vom Winkel, den das Blitzgerät ausleuchtet, von
der Art des Hintergrundes usw. abhängig. Oft läßt es sich nicht vermeiden, mehrere Aufnahmen mit unterschiedlichen Blitzentfernungen oder
Blendenzahlen anzufertigen. Der Bequemlichkeit wegen benutzt man oft
routinemäßig den Elektronenblitz. Dazu ist aber nicht unbedingt zu
raten. Wenn sich weder das Objekt noch der Aufnahmestandpunkt nennens-
wert bewegen, sind die üblichen Dauerlichtquellen unter anderem deshalb vorzuziehen, weil man hiermit die Bildwirkung, die Gleichmäßig-
keit der Beleuchtung und die Art der Schatten vorher beurteilen kann.

Für einzelne Zwecke benutzt man ferner Lichtquellen, deren Intensität
periodisch veränderlich ist, z. B. Lichtblitzstroboskope oder rotie-
rende Schlitzscheiben vor starken Dauerlichtquellen. Hiermit lassen
sich, wie erwähnt, Phasenbilder eines Vorganges durch eine lange Belichtung erfassen.

Lichtempfindliche Materialien dürfen naturgemäß nicht durch andere
Quellen, z. B. während der Verarbeitung, belichtet werden. Den Ar-
beitsraum, der das gewährleistet, nannte man früher Dunkelkammer. Der
Gelegenheitsfotograf findet einen geeigneten Platz oft im abgedunkel-
ten Badezimmer. Fließendes Wasser ist vorteilhaft, außerdem muß man
mit der Möglichkeit rechnen, daß die Lösungen die Unterlage und die
Umgebung verunreinigen. Entwickler- und Fixierbadflecke auf Textilien
sind nur schwer zu beseitigen. Die Dunkelkammer soll keineswegs, wie

der Name sagt, <u>dunkel</u>, sondern so hell wie möglich sein. Bei der Verarbeitung nicht sensibilisierter (das heißt nur blauempfindlicher)
Fotomaterialien, also der meisten Fotopapiere und mancher technischer
Filme, kann sie mit gelbem Licht, für niedrigempfindliche panchromatische Schichten mit dunkelgrünem oder rotem Licht beleuchtet werden.
Die zu den Dunkelkammerleuchten oder eingefärbten Glühlampen mitge-
lieferten Erläuterungen geben Einzelheiten an. Nur für das Einlegen
von Filmen in Kassetten oder in die Entwicklungsdose braucht man einen
ganz dunklen Raum. Der Film- oder Papiervorrat bleibt immer in den
geschlossenen Packungen und wird dem Dunkelkammerlicht am besten so
wenig wie möglich ausgesetzt. Man bringt die Beleuchtung in der Nähe
der Fixier- und Wässerungsschale an. Das Entwickeln wird im allgemeinen
nicht nach Beobachtung, sondern konstant nach Zeit erfolgen. Der von
den Herstellern angegebene Abstand zwischen Fotoschicht und Leuchte
kann unterschritten (bzw. eine hellere Lichtquelle benutzt) werden,
wenn man die Dunkelkammerbeleuchtung - z. B. über einen Fußkontakt -
diskontinuierlich einschaltet. Auch ohne mitgelieferte Beschreibung
läßt sich leicht ermitteln, ob eine Dunkelkammerbeleuchtung eine bestimmte Fotoschicht zu stark vorbelichtet oder nicht: Man nimmt einen
Probestreifen davon in die Hand und setzt ihn doppelt so lange der
fraglichen Beleuchtung aus, wie das im Normalfall geschähe. Dann entwickelt man die Schicht in üblicher Weise. Sie muß ganz ungedeckt
bleiben, d. h. die Finger, mit denen man einen Teil abgedeckt hat,
dürfen sich nicht abzeichnen. Benutzt man nacheinander unterschiedliche Fotomaterialien, so hat man natürlich auch die Beleuchtung zu
verändern, z. B. von direkter zu indirekter, an der Wand reflektier-
ter Beleuchtung überzugehen. Trockene fotografische Schichten sollen
lichtempfindlicher sein als nasse Schichten. Man hat daher vor allem
zu vermeiden, den Vorrat oder das Blatt, das gerade zu belichten ist,
zu lange der Dunkelkammerbeleuchtung auszusetzen. Nachdem sich die
Schicht kurze Zeit im Unterbrecherbad und danach im Fixierbad befun-
den hat, kann eine mäßige Nachbelichtung auch mit weißem Licht keine
weitere Schwärzung bewirken.

Bei Filmen läßt sich Schicht und Rückseite oft durch die Farbe unterscheiden, die Rückseite ist dunkler. Man darf beide natürlich
nicht verwechseln, die Schichten sind beim Kopieren oder Vergrößern
einander zugewandt. Bei älteren Filmen wurden Schicht- und Rückseite

durch Randkerben gekennzeichnet. Die Schicht zeigte zum Betrachter,
wenn die Randkerben des Hochformates rechts oben lagen. Für Papiere
ist die Unterscheidung oft schwieriger. Die Schichtseite glänzt meist
stärker als die Rückseite und liegt bei Sorten, die sich leicht krüm-
men, auf der Innenseite. Im Notfall kann man zu dem Hilfsmittel grei-
fen, zwei Finger gleichmäßig zu befeuchten und das Blatt so am Rande
anzufassen. Die Schichtseite klebt stärker als die Papierseite. Alle
Blätter liegen gleich orientiert in der Packung.

Filme sollen mindestens 10 min, Papiere 20 min in fließendem (nicht:
stehendem) Wasser von Fixiersalzresten befreit werden. Andernfalls
kann ihre Haltbarkeit begrenzt sein. Beim Wässern im Waschbecken
achtet man darauf, daß einzelne Blätter den Überlauf nicht verstopfen
können. Unaufmerksamkeit hierbei ist eine häufige Ursache für Wasser-
schäden. Planfilme sollen beim Wässern nicht zu stark bewegt werden,
sie könnten sich gegenseitig zerkratzen. Nach kurzem Baden in einem
Netzmittel, z. B. verdünntem Spülmittel (gegen Kalkflecke), werden
sie staubfrei auf der Leine getrocknet. Fotopapiere, vor allem papier-
starke Sorten, läßt man nicht ganz durchtrocknen, sondern zieht sie
rechtzeitig, mit der Schicht nach oben, über eine Kante, um sie zu
glätten. Vollständig trockene Oberflächen werden bei dieser Glättung
leicht beschädigt bzw. die Papiere werden nicht ganz eben. Die Rückseite getrockneter Filme muß gelegentlich noch vorsichtig abgewischt
werden, um Kalkreste zu entfernen. Auch Papiere badet man vor dem
Trocknen (am besten senkrecht hängend, nicht liegend) in einem Spülmittel. Sie trocknen dann bedeutend schneller und zeigen keine Kalk-
flecken, die auf Papieren nur schwer zu beseitigen sind.

2.3 Filmmaterialien und -chemikalien

Fotografische Negativschichten, meist auf Film- Trägermaterial, unterscheiden sich außer durch die Konfektionierung (z. B. Kleinbildfilm, Planfilm, Rollfilm) zunächst in ihrer Allgemein- und ihrer Farb-
empfindlichkeit.

Die Allgemeinempfindlichkeit ist ein Maß dafür, welche Lichtmenge
- also das Produkt aus Beleuchtungsstärke in der Schicht und Belich-

tungszeit - notwendig ist, um eine Schicht <u>richtig</u> zu belichten, das
heißt unter festliegenden Bearbeitungsbedingungen diejenige Gradationskurve (vgl. anschließend) zu erhalten, die erwünscht ist. Als
Maßeinheiten für die Allgemeinempfindlichkeit werden deutsche (DIN)
und amerikanische (ASA) Einheiten benutzt. Es entsprechen einander

15	18	21	24	27	30	DIN
25	50	100	200	400	800	ASA.

Als ISO- Norm führt man auch beide Zahlen an, z. B. ISO 100/ 21°.
Von einer der angeführten Empfindlichkeitsstufe zur folgenden kann
die Lichtmenge halbiert, also z. B. bei gleicher Blende die Belichtungszeit auf die Hälfte verkürzt werden. Für einen gegebenen Film
und festliegende Aufnahmebedingungen gibt es nun eine ganze Reihe
von Kombinationen aus Blendenzahl und Belichtungszeit, die (nahezu)
dasselbe Schwärzungsergebnis liefern. Der einfacheren Angabe wegen
hat man sog. <u>Belichtungswerte</u> definiert /3/. So bedeutet z. B. der Belichtungswert B = 10 eine der Kombinationen

Bl.	1,4	2	2,8	usw. bis	22
	1/500 s	1/250 s	1/125 s	usw. bis	1/2 s.

Man wählt Blendenzahl oder Belichtungszeit nach den besonderen Forderungen der Aufnahme (z. B. Tiefenschärfe, Bewegung des Objekts)
aus. Für diesen Belichtungswert ist beispielsweise eine mittelhelle
Vorlage zu beleuchten

für Filme von 18 DIN (50 ASA) mit 5000 Lux,
für Filme von 21 DIN (100 ASA) mit 2500 Lux usw.

(Das Lux ist die Einheit der Beleuchtungsstärke.) Die Allgemeinempfindlichkeit gilt strenggenommen für Licht festgelegter (genormter)
Zusammensetzung, z. B. Tages- oder Glühlampenlicht, das eine Strah-
lungsverteilung wie ein idealer Strahler bestimmter Temperatur hat
(sog. Farbtemperatur). Welchen Belichtungswert ein Motiv braucht, er-
mittelt man mit Belichtungsmessern. Moderne Kameras haben vielfach
den Belichtungsmesser eingebaut. Wenn das auch bequem ist, so muß man
natürlich sachgemäß hiermit arbeiten. Meist wird die Helligkeit eines

mittleren Feldes im Bildausschnitt gemessen. Wenn an dieser Stelle gerade - in einem sonst dunklen, bildwichtigen Feld - ein helles Objekt liegt, mißt man eine zu große Helligkeit, und das Bild wird unterbelichtet. Auch bei Gegenlicht ist einige Vorsicht angebracht. Eine Lichtquelle im Bildfeld kann den Meßwert völlig verfälschen.

Die Lichtempfindlichkeit von Materialien läßt sich nicht frei von anderen Eigenschaften der fotografischen Schichten willkürlich wählen. Sie beeinflußt unter anderem die Kornstruktur; hochempfindliche Filme haben durchweg ein wesentlich gröberes Korn, somit also eine verringerte Auflösung von Bildeinzelheiten, als solche mit niedriger Allgemeinempfindlichkeit. Man wird daher für alle die Zwecke, wo es auf eine feine Struktur ankommt, hochempfindliche Negativschichten nicht ohne zwingenden Grund benutzen. Das Auflösungsvermögen, vgl. Bild 2-9, wird in getrennt darstellbaren Linien einer kontrastreichen Vorlage je Längeneinheit ausgedrückt. Gering empfindliche Filme lösen bei günstigen (optischen) Bedingungen bis zu 400 Linien je mm auf, hochempfindliche Filme etwa 60 Linien je mm /2/. Die Allgemeinempfindlichkeit einer gegebenen Schicht ist durch die Art der Verarbeitung, z. B. die Entwicklung, zu beeinflussen. Ein Film von 15 DIN kann z. B. wie ein solcher von 18 DIN belichtet werden. Sogenannte empfindlichkeitssteigernde Entwickler erlauben es, relativ niedrig empfindliche Filme (z. B. mit 15 DIN) allgemein zu verwenden. Dazu arbeiten sie auch weicher als die üblichen Entwickler (vgl. anschließend), was oft erwünscht ist, um den Kontrast im Negativ auf einen weiterzuverarbeitenden Wert zu begrenzen.

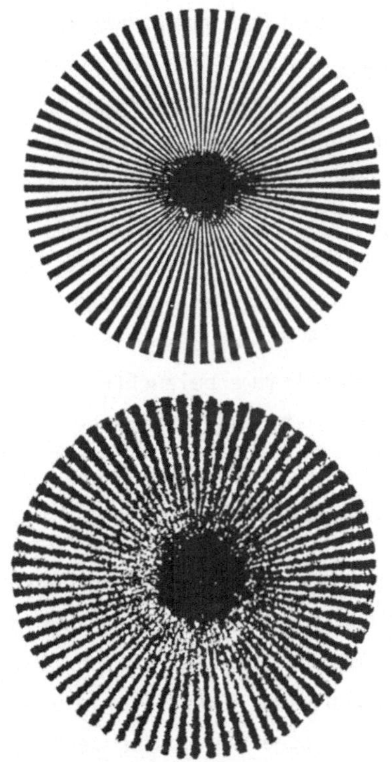

Bild 2-9: Prüfstern, oben auf Film mit 15 DIN, unten mit 32 DIN aufgenommen. Durchmesser im Negativ 3 mm

Die Allgemeinempfindlichkeit technischer Filme und Fotopapiere wird
meist nicht angegeben. Man muß sie daher oft mit Probestreifen ermitteln, d. h. mit Streifen des betreffenden Materials. Sie liegt durchweg
mindestens eine Größenordnung unter der Empfindlichkeit von Aufnahme-
materialien (entsprechend 3 ... 6 DIN). Sie unterscheidet sich auf-
fällig von einem Fabrikat zum anderen und ist außer von Entwicklungsart und Lagerdauer erheblich vom unten erläuterten Härtegrad abhängig.
Die kontrastreicher arbeitenden Schichten sind weniger empfindlich.

Fotografische Schichten haben weiter eine kennzeichnende Farbempfind-
lichkeit. Licht einer bestimmten Wellenlänge ruft also unter sonst
gleichen Bedingungen eine andere Schwärzung hervor als physikalisch
gleich intensives Licht bzw. Strahlung anderer Wellenlängen. Nicht
besonders behandelte (unsensibilisierte) Schichten, z. B. Fotopapier
und manche Reproduktionsfilme, sind allein UV- und blauempfindlich.
Die Filme für Aufnahmezwecke sind heute fast durchgehend panchroma-
tisch, was zwar "umfassend empfindlich" heißt, aber durchaus nicht
Schwärzungsabstufungen auf dem Film liefern muß, die dem Augeneindruck entsprechen. Blau wird etwas überbewertet, Rot unterbewertet.
Ältere "orthochromatische" Schichten sind für Rot weniger empfindlich. Diese wirksamen Farbempfindlichkeiten lassen sich durch Farbfilter (vgl. 2.2) verändern. Soweit man unter Fotoschichten verschiedener Sensibilisierung auswählen kann, wird man für Vergrößerungs-
und Kopierzwecke unsensibilisierte Schichten bevorzugen. Für sie kann
die Dunkelkammerbeleuchtung relativ hell sein. Allerdings ist ihre
Allgemeinempfindlichkeit bei Glühlampenlicht ziemlich gering.

Als Gradation bezeichnet man die Art, wie eine fotografische Schicht
die "Helligkeit" eines (z. B. einfarbigen) Bildes in Graustufen um-
setzt. Die Schwärzung einer Negativschicht hängt für eine gegebene
Verarbeitung vom Integral über dem Produkt aus Augenblicksintensität
und Zeitelement bzw. bei konstanter Intensität E vom Produkt aus
dieser und der Zeit t, also von E•t ab. Als Schwärzung oder Dichte S
wird der Logarithmus des Verhältnisses von auffallender Lichtintensi-
tät E_a zu durchtretender Intensität E_d bezeichnet:

$$S = \log E_a / E_d .$$

Eine Schwärzung S = 1 besagt also z. B., daß die entwickelte Negativschicht 10 % des auffallenden Lichtes durchläßt. Ihr Transmissionsgrad
ist 0,1, der Absorptionsgrad (bei vernachlässigbarer Reflexion) nahezu
0,9. Der funktionelle Zusammenhang zwischen dieser Schwärzung S und
log (E·t) hat im Prinzip die in Bild 2-10 gezeigte Form. In gewissen
Grenzen ist es gleichgültig, ob die Helligkeit gering und die Belichtungszeit lang ist oder umgekehrt. Lichtmengen E·t, die nacheinander einfallen, <u>addieren</u> sich.

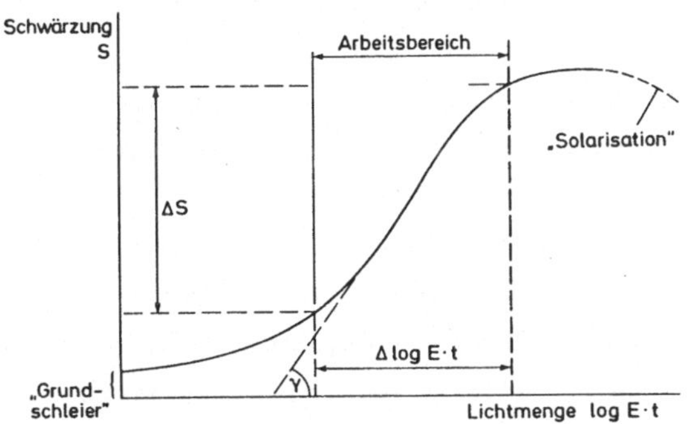

Bild 2-10: Verlauf der Gradationskurve

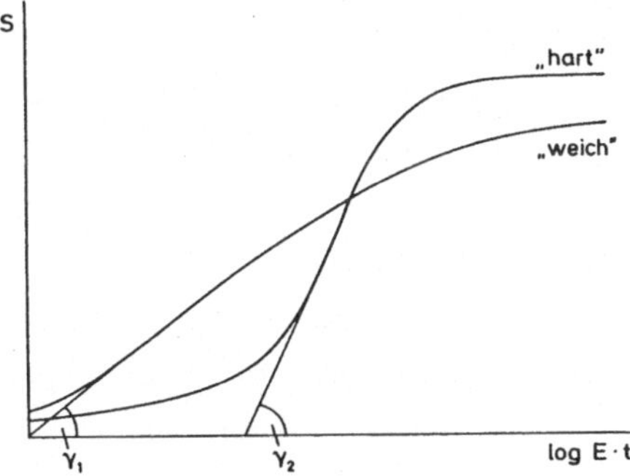

Bild 2-11: Gradationskurve
„harter" und „weicher" Schichten

Der Winkel γ bezeichnet die Steilheit der fotografischen Schicht. Die
<u>weich</u> arbeitenden Materialien haben kleine, <u>harte</u> Schichten dagegen
große Anstiegswinkel γ (Bild 2-11). Somit ist in den weichen, also
zarten, nur wenig kontrastreichen Negativen ein viel größerer Helligkeitsbereich (log E·t) durch abgestufte, unterscheidbare Filmschwär-
zungen wiedergegeben als in harten, stark gedeckten und kontrastreichen Negativen. Hauptsächlich wird der geradlinige Teil der Gradationskurve ausgenutzt. Weich arbeitende Materialien brauchen nicht so
exakt belichtet zu werden wie harte Schichten, ihr <u>Belichtungsspiel-
raum</u> ist größer. Niedrigempfindliche Schichten arbeiten meist relativ hart, hochempfindliche Schichten ausgesprochen weich. Die Gradation von Fotopapieren wird in neuerer Zeit nicht mehr in Worten, sondern in Zahlen wiedergegeben. Sie reicht von Gradation 1 (besonders
weich) bis Gradation 5 (extrahart). Die Gradationsstufe 3 entspricht
der normalen Gradation.

Die skizzierten Gradationskurven sind nicht allein Eigenschaften der
fotografischen Schichten, sondern werden maßgeblich durch die Ent-
wicklerart und -konzentration sowie Entwicklungszeit und -temperatur
mitbestimmt. Dadurch wird der Zusammenhang leider etwas unübersicht-
lich. Es gibt eine Vielzahl von Entwicklern, mit denen für gegebene
Schichten sehr unterschiedliche Schwärzungsabstufungen zu erzielen
sind. Die sog. Feinkorn- und Ausgleichsentwickler ergeben z. B. für
Schichten, die an sich hart arbeiten, eine flachere Gradationskurve
als brilliant bis hart arbeitende Entwickler. Verdünnte Entwickler-
lösungen, eine lange Entwicklungszeit und höhere Lösungstemperaturen
führen zu flacheren, hingegen konzentrierte Entwickler, kurze Ent-
wicklungszeiten und niedriger Temperaturen der Lösung zu steileren
Gradationskurven. Man kann in anderen Worten die vom Hersteller vorgeschlagenen Verarbeitungsbedingungen ändern und auf diese Weise (in
der Positivherstellung) die wirksame Gradation des vorhandenen Foto-
papieres etwa um eine Stufe ändern oder beim Umkopieren den Detailreichtum und die Schwärzungsabstufung in Grenzen beeinflussen. Allerdings wird das nur ratsam sein, wenn man alle Auswirkungen überblickt.
(Ein häufiges Ergebnis sind Flecken auf Papierbildern oder Ungleichmäßigkeiten in wenig gedeckten Teilen von Filmen.) Manche Entwickler
- z. B. Agfa Rodinal - lassen sich in extrem verschiedenen Verdün-
nungen gut verwenden, andere hingegen nur in engen Grenzen abweichend
von den Vorschlägen des Herstellers. Die Unterschiede, die man so erzielen kann, sind beträchtlich. Man kann etwa auf den nachstehend genannten fototechnischen Filmen, die an sich sehr hart arbeiten, ganz
zarte Abstufungen erzielen, wenn man nicht die zugehörigen Reproentwickler, sondern verdünnte Papierentwickler benutzt.

Die Entwicklung beeinflußt neben der Gestalt der Gradationskurve (und
damit der maximalen Schwärzung) auch die Körnigkeit des Filmes. Welche Gradation erwünscht ist, hängt vom Anwendungsfall ab. Für die Reproduktion reiner Schwarz- Weiß- Vorlagen, z. B. Tuschezeichnungen,
wird man kontrastreich arbeitende Schicht benutzen, da Halbtöne ohnehin nicht erscheinen sollen. Zur Wiedergabe der normalen, gestuften
Vorlagen strebt man wegen des Schwärzungsumfanges, den sie getreu
wiedergeben können, weiche Negative an, vor allem bei hohen Kontrasten
der Vorlagen. Mit feinkörnigen, aber zur Härte neigenden Schichten wie
z. B. Agfapan 25 gelingt das unter anderem, indem man spezielle Ein-

<u>malentwickler</u> benutzt. (Der Name rührt daher, daß sie verdünnt nur
wenig lagerfähig sind. Man kann aber nacheinander auch <u>mehrere</u> Filme
entwickeln.) Negativschichten für Reproduktionszwecke erreichen zusammen mit den hierfür bestimmten Entwicklern maximale Schwärzungen
über S = 3. Für bildmäßige Zwecke überschreitet S selten den Wert 1.
Weichere Negative lassen sich meist besser verarbeiten als harte. Das
ideale Negativ von gestuften Vorlagen sieht keineswegs "brilliant"
aus, sondern eher kontrastarm. Der Gradationsverlauf des Negativs bestimmt, welche Gradationsstufe des Papiers man zu wählen hat, um natürlich erscheinende, also weder zu kraftlose noch zu kontrastreiche
Papierbilder zu erhalten. Relativ weiche Negative werden auf normalem
bis hartem Papier wiedergegeben.

Im folgenden werden vor allem benutzt

- für <u>normale Halbtonaufnahmen und Halbtonauszüge</u>

niedrigempfindliche Filme
(15 ... 18 DIN) wie Agfapan 25,
Kodak TP 135, Ilford Pan F

Entwickler: Tetenal Neofin
doku und blau, Kodak Techni-
dol LC und viele andere

- für Halbtonaufnahmen <u>unter ungünstigen Lichtverhältnissen</u> oder
  zur Erzielung <u>besonders weicher Negative</u>

hochempfindliche Filme (27 DIN)
wie Agfapan 400, Kodak TX 135,
Ilford HP 5 und XP 1, Tura
P 400

alle Entwickler, z. B. Kodak
D- 76, Tetenal Neofin rot,
Ilford ID- 11, auch sog.
empfindlichkeitssteigernde
Entwickler wie Kodak HC- 110,
Ilford Microphen

- für <u>Strichreproduktionen</u> (Typ Tuschezeichnung)

Dokumentenfilme oder niedrig
empfindliche Halbtonfilme: Agfa-
ortho 25, Agfapan 25, Kodak
Copy 5069

Entwickler: Agfa Rodinal und
Neutol, Kodak D 532, Tetenal
Ultrafin, Ilford Perceptol
und die folgenden Reproentwickler

- für <u>möglichst harte Auszüge oder Kopien</u>

Repromaterialien wie Agfa Gevaline und Litex, Kodak LP ..., DuPont CO ..., CL ... u. a., Labaphot LTP ..., RT ..., RP ... sowie Dokumentenpapier: Agfa TP 6 WP, Ilford Ilfoprint, Labaphot F 140 PE

Reproentwickler: Agfa G 8 p und G 8 c, DuPont CL ..., Kodak Kodalith Super und D- 8, Labaphot Labatol LT und PN, Tetenal Dokulith sowie (für etwas geringere Ansprüche) auch Universal- und Papierentwickler.

(Eine vollständigere Aufstellung von Fotomaterialien und -chemikalien findet sich z. B. in /2/.) Es würde zu weit führen, hier auf alle Details einzugehen. Die Hersteller liefern zu ihren Produkten vielfältige Informationen. Nur einige Besonderheiten seien erwähnt.

Grafische (technische) Filme, die wir nachfolgend des öfteren benutzen werden, sind unter anderem <u>maßhaltig</u> (auf Polyesterunterlage), in unterschiedlichen Dicken und auch mit <u>mattierter Rückseite</u> erhältlich. Für die meisten unserer Anwendungen sind maßhaltige Filme nicht unbedingt nötig. Wenn mehrere Filme gemeinsam kopiert werden sollen, so ist es wünschenswert, dünne Einzelfilme (0,10 mm bis 0,12 mm) zu verwenden. Sie dürfen natürlich nicht mattiert sein. Für Kontaktkopien sind nicht sensibilisierte Reprofilme zu bevorzugen. Sie sind zwar weniger empfindlich, doch lassen sie sich weitaus bequemer verwenden als orthochromatische Filme, weil helles orange Dunkelkammerlicht benutzt werden kann. Sensibilisierte Filme sind u. a. für <u>großformatige</u> Vergrößerungen zweckmäßig. Beim Entwickeln aller dieser Filme muß man auch mechanisch vorsichtig vorgehen. Ein Druck mit der Zange während der Entwicklung führt zur sog. Druckbelichtung und zeichnet sich auf dem Film als Strich ab. Seit einiger Zeit werden eine Reihe von Reproduktionsmaterialien angeboten, die bei hellem gelben Licht oder sogar bei gedämpftem Tageslicht verarbeitet werden können (Agfa Litex DL ..., DuPont Bright Light, Labaphot DLD u. a.). Sie sind allerdings relativ lange mit UV- Licht zu belichten, eignen sich also nicht als Vergrößerungs-, sondern allenfalls als Kopiermaterialien. Weiter gibt es Filme, die nicht im herkömmlichen Sinne entwickelt, sondern nur mit einem Lösungsmittel behandelt und nicht fixiert werden (3 M Scotchcal 8007). Einen besonders großen nutzbaren Belichtungsspielraum haben Filme, die nach der Entwicklung keine Silberteilchen mehr enthalten, sondern durch einen der Farbentwicklung entsprechenden Vorgang ein monochromes Farbstoffbild zeigen (Agfa Vario XL, Ilford XP 1).

Außer den bekannten Fotopapieren unterschiedlicher Gradation werden u. a. maßhaltige, in Lösungen nicht unkontrolliert quellende oder später schrumpfende Papiere, panchromatische Papiere (zur Herstellung richtig abgestufter Schwarz- Weiß- Bilder aus Farbnegativen) und Papiersorten angeboten, deren Gradation durch die Art der Verarbeitung (Farbfilterung) gesteuert werden kann. Zu diesen sog. Mehrgradationspapieren gehören Kodak Polycontrast, Ilford Multigrade und Labaphot Multiscal. Von der Möglichkeit, einfarbige Negative farbig getönt wiederzugeben (durch besondere Umwandlungen des Bildsilbers, Farbstofflösungen oder gefärbten Papieruntergrund), wird man für die hier behandelten technischen Zwecke nur selten Gebrauch machen.

Viele Entwickler lassen sich in gebrauchsfertiger Konzentration nur kurze Zeit aufbewahren, am besten noch unter Luftabschluß (in ganz gefüllten Flaschen). Für wichtige Zwecke wie die Negativentwicklung wird man sie jeweils neu ansetzen oder zumindest ihre Entwicklungsfähigkeit prüfen. Auch die in konzentrierter Form erhältlichen Lösungen sind (unverdünnt) nicht unbegrenzt haltbar. Eine Zwischenwässerung - mindestens 10 s in angesäuertem Wasser, z. B. 2 ... 5 prozentiger Essigsäure - ist besonders beim Entwickeln von Filmen in Reproentwicklern nötig. Sonst sind die Filme uneinheitlich gedeckt. Papierbilder, die unmittelbar vom Entwickler in das Fixierbad gebracht werden, zeigen häufig gelbliche Flecken. Die Wirkung des Unterbrecherbades beruht darauf, daß eine Entwicklung nur in basischen Lösungen möglich ist. Sie wird im Unterbrecherbad augenblicklich abgebrochen.

Das (saure) Fixierbad kann man in der vom Hersteller vorgeschlagenen, oft relativ geringen Konzentration oder auch konzentrierter ansetzen. Dies ist recht unkritisch; selbst als gesättigte Lösung ist die Fixierflüssigkeit brauchbar. Das Fixierbad läßt sich solange benutzen, bis seine Wirkung deutlich nachläßt, was man an der Verlängerung der Fi-

xierdauer erkennt. Für Filme setzt man meist als Dauer das Doppelte
der Zeit an, bis die Trübung oder der Lichthofschutz (farbige Rück-
schicht) verschwunden sind. Im Handel sind auch Testsubstanzen zur
Prüfung des Fixierbades erhältlich (Tetenal). Die Fixierdauer soll 10
min nicht überschreiten. Eine übermäßig lange Fixierung kann den Bild-
eindruck verändern. Die Lösungen für Filme und Papiere hält man am
besten auseinander. Die farbige Lichthofschutzschicht mancher Filme
löst sich nur dann im Unterbrecher- bzw. Fixierbad vollständig, wenn
bei der Entwicklung eine gewisse Mindestzeit nicht unterschritten worden ist.

Nachfolgend wird wiederholt das <u>Abdecken</u> von Bildteilen auf Filmen
erwähnt. Hierzu ist z. B. Agfa Neucoccin verwendbar. Die rote Farb-
lösung ist für das Auge noch durchsichtig, womit man erkennt, was man
bearbeitet, für nicht sensibilisierte Fotoschichten aber vollständig
deckend. Bei orthochromatischen Schichten ist unter Umständen ein
wiederholter Farbauftrag notwendig. Die Deckfarbe wird mit dem Pinsel
auf die fettfreie (also auch von Fingerabdrücken freie) Schichtseite
aufgebracht. Größere Flächen deckt man eher durch aufgeklebtes
schwarzes Papier, gerade Linien mit undurchsichtigem Klebeband ab.
Umgekehrt kann man in größeren Bildteilen die Schwärzung vermindern,
indem man das Blatt - bei hellem Licht - in <u>Abschwächerlösung</u> legt.
Teile, deren Schwärzung erhalten bleiben soll, lassen sich zuvor mit
sog. Abziehlack (Tetenal) behandeln. Er läßt sich, wie der Name sagt,
nach dieser Behandlung glatt abziehen. Auch Teile eines (nicht zu
kleinen) Bildes lassen sich abschwächen, indem man die Lösung vorsichtig mit dem Pinsel aufträgt. Das Abschwächen ändert die relative
Schwärzungsverteilung im Bild, die geringen Schwärzungen werden stärker angegriffen als die hohen Schwärzungen. Das Bild wird demnach insgesamt härter. Zunächst unbedeutende geringe Schwärzungsunterschiede
treten stärker hervor. Die Abschwächerlösung soll so weit verdünnt werden, daß sichtbare Änderungen erst im Laufe von 1 ... 2 min zu bemerken sind. Bei zu rascher Abschwächung treten leicht Streifen und andere Ungleichmäßigkeiten auf.

Fehlerhaft belichtete oder entwickelte Filme und Papiere, die eine zu
hohe oder zu geringe Schwärzung zeigen, lassen sich im Prinzip sowohl
abschwächen als auch verstärken. Für Kleinbildnegative ergeben solche

Behandlungen nur ausnahmsweise brauchbare Ergebnisse, das Korn und
die Gradation werden vielfach ungünstig beeinflußt. Sinnvoll kann das
Abschwächen wegen der einfachen Handhabung des Bades für großformatige Kopien oder Vergrößerungen auf fototechnischen Filmen (wegen deren
hohen Preise) sein. Tonauszüge, die eine vorgegebene, relativ geringe
Schwärzung annehmen sollen, kann man zunächst etwas länger belichten
und anschließend abschwächen. Das Abschwächen läßt sich (bei hellem
Licht) gut dosieren, so daß die gewünschte Schwärzung leicht zu erreichen ist. Man kann auch, z. B. bei überbelichteten und somit zu weichen Auszügen, die Erhöhung der Steilheit durch das Abschwächen anwenden. Das Ergebnis ist ein kontrastreicherer Film. Manchmal läßt sich
ein zu schwach belichtetes oder erheblich unterentwickeltes Negativ
noch retten, indem man es <u>im Dunkelfeld reproduziert</u>, also mit schwarzem Hintergrund und gleichmäßiger seitlicher Beleuchtung. Es erscheint
dabei positiv, so daß man - mit hart arbeitendem Film - wieder ein
Negativ gewinnt.

Ein Grundproblem der fotografischen Wiedergabe gestufter Vorlagen ist
die <u>technisch bedingte Reduzierung des Kontrastes</u> vom Aufnahmeobjekt
bis zum Papier- oder Druckbild. In üblichen technischen Objekten kommen Helligkeitsunterschiede von 1 : 1000 bis 1 : 10 000 vor, unter
Umständen (bei glühenden Körpern, Flammen usw. im Bild) auch mehr.
Halbtonfilme können etwa einen Bereich von 1 : 100 bis 1 : 1000 durch
Schwärzungsabstufungen erfassen. Papierkopien aber zeigen zwischen
ganz geschwärzten und hellen (ungedeckten) Stellen einen Reflexions-
gradunterschied von höchstens 1 : 50. (In Diapositiven kann hingegen
der Kontrast ebenso groß sein wie im Negativ.) Papiere gibt es wie
Filme in unterschiedlichen Gradationen. Die Art der Abstufung läßt
sich aber nicht frei auswählen. Man kann daher weiche Negative nicht,
wie es an sich wünschenswert wäre, um die Schwärzungsstufen vollständig wiederzugeben, auf Papiere mit flacher Gradationskurve kopieren
oder vergrößern. Die Bilder würden matt und kraftlos wirken. Gerade
für Negative mit großem Tonumfang muß man hart arbeitende Papiere benutzen, wodurch der Verlust in dieser Arbeitsstufe besonders groß
ist. (Der umgekehrte Weg, harte Negative auf weichen Papieren wiederzugeben, ist aber meist noch nachteiliger. Die Verringerung des im
Original enthaltenen Helligkeitsumfanges geschieht dann schon auf dem
Negativ.) Druckbilder zeigen einen noch weiter eingeschränkten Kon-

trastumfang. Die Folge der mehrfachen Reduzierung des Bildkontrastes
ist, daß ein großer Teil der im Original gestuften Bildteile nicht abgestuft, also als einheitlich weiß oder schwarz, wiedergegeben wird.
Man kann zwar beim Vergrößern, wie man sagt, <u>auf die Lichter</u> belichten,
das heißt relativ lange belichten, wodurch die hellen Teile Zeichnung erhalten, jedoch die mittleren und dunklen Teile fast einheitlich schwarz werden, oder andererseits <u>auf die Schatten</u> - also kurz -
belichten. Damit verschiebt man den engen, im Papierbild darstellbaren
Ausschnitt auf der ganzen Schwärzungsskale. Dieser grundsätzliche
Nachteil der Kontrastreduzierung fällt wenig auf, wenn die Bildaussage in der Struktur (nicht den Helligkeitsabstufungen) des Gegenstandes liegt oder das Objekt durch einige wenige Grautöne ausreichend
beschrieben ist. Er tritt dagegen als Mangel auf, wenn bildwichtige,
im Aufnahmeobjekt wesentliche Teile große Kontraste zeigen. Ein Teil
der folgenden Bildbearbeitungen wird sich damit befassen müssen, wie
man solche Negative vollständiger auswertet. Offenbar setzt jede
nachträgliche Bearbeitung voraus, daß die wesentlichen Grauabstufun-
gen auch im zugrundeliegenden Negativ vorhanden sind. Meist wird ein
weiches Negativ zu fordern sein. Zur Erfassung hoher Kontraste benutzt man deshalb oft hochempfindliche Filme, obwohl das von der All-
gemeinhelligkeit her nicht erforderlich wäre. Die (geringen) Nachtei-
le hinsichtlich Körnigkeit und Auflösungsvermögen muß man hinnehmen.
Man benutzt sie auch, wenn vom bewegten Gegenstand her oder wegen der
langen Brennweite des Objektivs kurze Belichtungszeiten nötig sind
bzw. die Tiefenschärfe durch starkes Abblenden vergrößert werden soll.

Im übrigen lassen sich von <u>Farbnegativen</u> oder -Dias nur mit erheb-
licher Mühe befriedigend abgestufte Schwarz- Weiß- Papierbilder herstellen. Der Grundkontrast ist meist wesentlich geringer als in einfarbigen Negativen, und eine getreue Wiedergabe der Grautöne kann mit
normalen (nicht panchromatischen) Materialien nicht hinreichend ge-
lingen. Ebensowenig kann man farbige Papierbilder als Druckvorlagen
zur Schwarz- Weiß- Wiedergabe benutzen. Es ist daher nicht zweckmäßig
(wie es oft geschieht), von allen technischen Objekten, unabhängig
vom Verwendungszweck der Bilder, nur Farbaufnahmen zu machen.

3 Aufnahmetechnik

Die überlegte, sorgsam vorbereitete Aufnahme technischer Objekte wird
stets der Ausgangspunkt jeder fotografischer Bilddarstellung sein.
Es ist offensichtlich weitaus rationeller, ausgeglichene, fehlerlose
und gut abgestufte Negative herzustellen und komplikationslos zu verarbeiten als mangelhafte Aufnahmen nachträglich zu verbessern. Inso-
fern verdient die Aufnahme selbst große Beachtung.

Vor der Aufnahme sollte bekannt sein, zu welchem Zweck sie angefertigt wird und worauf infolgedessen inhaltlich und technisch Wert zu
legen ist. Es bedingt ein unterschiedliches Vorgehen, Aufnahmen für
interne Berichte bzw. Fachartikel oder etwa als Vorlagen für Anzeigen
oder Prospekte herzustellen. Auch die geplante Art der Vervielfältigung bestimmt die Darstellart mit. Schließlich ist wichtig zu wissen,
inwieweit es möglich ist, Retuschen am fertigen Papierbild vornehmen
zu lassen. Falls hierzu Gelegenheit ist (d. h. ein Retuscheur oder
Grafiker bereitsteht, leider ein seltener Ausnahmefall), kann man
sich oft viel Mühe bei der Aufnahme sparen, so in der Suche oder dem
Herbeischaffen eines geeigneten Hintergrundes für ausgedehnte Objekte. Auch die möglichen Bildbearbeitungen, von denen nachfolgend ge-
sprochen wird, sind rechtzeitig in Betracht zu ziehen. Wenn der Zweck
der Aufnahmen und damit die sinnvolle Art des Standpunktes, der Beleuchtung, der Belebung durch Personen, des Hintergrundes usw. zuvor
nicht zu klären ist, hat man zumindest mehrere Aufnahmereihen anzufertigen, in denen jeweils die Besonderheiten des betreffenden möglichen Zweckes beachtet werden. Allerweltsfotos, die im Vorübergehen ge-
knipst worden sind, gewinnen allenfalls durch eine nachträgliche, unnötig aufwendige Bearbeitung diejenige Aussage, auf die es gerade ankommt, also z. B. das Herausstellen bestimmter Eigenschaften des Aufnahmegegenstandes wie der Firmenmarke, der geringen Größe, der Ober-
flächenstuktur usw. Ein Bild ist keineswegs als Informationsträger
grundsätzlich für alle Anwendungsfälle besser als andere Formen der
Mitteilung geeignet. Offensichtlich muß das Objekt optische Besonderheiten haben. Die bekannten Bilder von "Blechkisten mit drei Knöpfen"
bieten fast keine Informationen, die nicht in Skizzen oder Textbe-

schreibungen ebensogut oder auch wirksamer vermittelt werden könnten.
Es wird demnach Aufgaben geben, die ausnahmsweise eine Bilddarstellung nicht empfehlen, sondern eine andere Beschreibung.- Der Fachmann
(Ingenieur, Biologe, Physiker usw.) sollte bei Aufnahmen stets an-
wesend sein. Er muß dem Fotografen, soweit er auf ihn zurückgreifen
kann, genau erläutern, worum es sich handelt, und dieser muß natürlich auf den besonderen Zweck eingehen. (Das Gegenteil sieht man
häufig: Technisch einwandfreie, aber sterile, unpersönliche und daher
ihren Aussagezweck nur unvollkommen erfüllende Einheitsaufnahmen.)
Gegebenenfalls wird der Techniker auf Beleuchtung, Kamerastandpunkt
usw. Einfluß nehmen. Daher ist es vorteilhaft, wenn er auch Vorschlä-
ge zur Sache vorbringen kann, wie sie anschließend besprochen werden.
Unter Umständen haben hinsichtlich der Frage, was bildwichtig ist und
somit besonders betont (bzw. unterdrückt) werden soll, auch Kauf-
leute, Vertriebs- oder Werbungsmitarbeiter ein Mitspracherecht.

3.1 Vorbereiten des Objektes

Es versteht sich, daß man - soweit man die Wahl hat - für Aufnahmen
ein Objekt auswählt, das keine im gegebenen Zusammenhang unwesent-
lichen, aber störenden Mängel aufweist. Man wird also auf Kratzer in
der Oberfläche, Bearbeitungsspuren, die Verformung der Schlitze von
Zylinderschrauben, zufällige Verfärbungen usw. achten. Ist man gezwungen, Objekte mit solchen Fehlern aufzunehmen, die nicht selbst
das Wesentliche der Bildaussage darstellen, so kann man die Vorlagen
zuerst herrichten. Notfalls können durch Wahl der Aufnahmerichtung,
der Beleuchtung usw. die Mängel zurückgedrängt werden. Außerdem besteht immer, wie später noch beschrieben, die Möglichkeit, das mangelhafte Bild zu bearbeiten, soweit der Aufwand gerechtfertigt ist.
Welchen Weg man wählt, ist vom Einzelfall abhängig. Unter Umständen
ist die nachträgliche Bildbearbeitung, z. B. durch Retusche, rationeller, als großen Aufwand bei der Aufnahme unter schwierigen Verhältnissen zu treiben.

Ob das Objekt <u>für sich oder in den Zusammenhang</u>, also den Laborplatz,
die Maschinenhalle oder seine natürliche Umgebung, gestellt werden
soll, bedarf gründlicher Erwägung des Aussagezweckes. Für sich ge-

zeigte Gegenstände werden zwar oft deutlicher und klarer wiedergegeben, wirken jedoch andererseits künstlich- labormäßig. Nicht jeder
Gegenstand muß vor unstrukturiertem weißen Hintergrund abgebildet
werden. Soweit die Umgebung mit dargestellt werden soll, wird man oft
dafür zu sorgen haben, daß der Hauptgegenstand trotzdem als Haupt-
sache wirkt, nicht als einer unter mehreren anderen. Das kann durch
die Beleuchtung oder die Hintergrundgestaltung (vgl. unter 3.3) geschehen. Man muß allerdings darauf achten, daß das Bild des technischen
Objekts nicht unangemessen einen sog. künstlerischen Charakter annimmt.
In neuerer Zeit vermischen sich gelegentlich eine objektive und die
für reine Werbezwecke übliche emotionale Darstellart miteinander,
was oft nicht sachgerecht ist. Größenvergleiche im Bild sind sinnvoll, falls die Größe wesentlicher Teil der Aussage ist, also z. B.,
wenn gezeigt werden soll, wie vorteilhaft klein eine Einrichtung ist.
Man bringt häufig Gegenstände bekannter Größe im Bild an, neben Maß-
stäben, deren Wiedergabe vielfach nicht problemlos wird, Objekte des
täglichen Bedarfs wie etwa Büroklammern, Geldstücke, Streichholz-
schachteln, auch Meßgeräte bekannter Größe usw. Man wird oft solche
Vergleichsobjekte wählen, die sich auf die betreffende Sache beziehen; um zu zeigen, wie klein ein neues Bauelement ist, kann ein Tran-
sistor bekannter Größe als Maßstab dienen. Auch inwieweit Menschen im
Bild erscheinen sollen, ist gründlich zu bedenken. Sie sollen natürlich keine sachfremde Staffage oder lediglich Blickfang sein. Dies
ist allerdings weitgehend Ansichtssache (der Verfasser gesteht, eine
Abneigung gegen die Manie zu haben, technische Geräte mit Hilfe unbe-
kleideter Damen anzupreisen). Der Aufnehmende sollte sich vor der
naheliegenden Gefahr hüten, die Personen zu unnatürlicher oder sogar
sachlich falscher Stellung oder Haltung zu veranlassen, nur um die
Lichtverteilung oder andere aufnahmetechnische Bedingungen zu verbessern. Auch hierzu braucht der Fotograf vielfach den Fachmann, bzw.
er sollte durch Beobachtung oder Befragung des Personals die zweckmäßige Stellung herausfinden. Sofern möglich, wird man diejenigen abbilden, die die Einrichtung bereits bedient haben und daher leicht
auf unnatürliche Stellungen usw. aufmerksam machen können. Besonders
gründlich hat man vor der Aufnahme das Bildfeld nach störenden, nicht
zur Sache gehörenden Gegenständen abzusuchen. Es ist keineswegs selten, daß nicht wiederholbare Aufnahmen langwierig retuschiert werden

müssen, weil vergessen wurde, Getränkeflaschen, Aschenbecher usw. aus
dem Bildfeld oder dem Hintergrund zu entfernen.

Neben der Betonung des inhaltlich Wichtigen, der Bildaussage, hat man
weiter dafür zu sorgen, daß die technisch- fotografischen Bedingungen
günstig sind, das heißt, daß der Bildkontrast ausreichend, aber nicht
zu groß ist. Beides läßt sich oft durch eine <u>Vorbehandlung</u> der Objekte /16/ erreichen, ohne daß sie bleibend verändert werden. Die Skale
der Möglichkeiten hierzu ist breit und erfordert etwas Phantasie, sie
reichen vom Bestreichen der Oberflächen mit wasserlöslichen Farben
oder aufgeschwemmten Stoffen (Kreide) über das Einpudern mit Gips
oder Mehl bis zu spezifischen Oberflächenbehandlungen, etwa mit Wasser (Maserung von Gesteinen), mit Öl (Holzstruktur) oder Wachs (zur
Verminderung gerichteter Reflexionen). Der unerwünschte Glanz von
Metallen kann oft durch eine aufgelegte matte Folie verringert werden. Manche Oberflächen fotografiert man auch mit Vorteil unter Wasser. Durchsichtige, z. B. geschliffene Gefäße lassen sich, um sowohl
Oberflächengestalt als auch Form darzustellen, mit Kontrastmitteln
(Milch, Tinte, andere Farblösungen) füllen usw. Vorbehandlungen dieser Art, obwohl sie einiges Nachdenken und gelegentlich Probeaufnah-
men erfordern, sind oft einfacher als nachträgliche Bildbearbeitungen
und in ihrer Wirkung gut zu dosieren. Für unterschiedliche Zwecke
läßt sich natürlich dasselbe Objekt verschieden präparieren.

3.2 Stellung der Kamera zum Aufnahmeobjekt

Oft geben der begrenzte Platz, der erforderliche Mindestabstand und
ähnliche Bedingungen Kameraentfernung und -stellung sowie die zu ver-
wendende Brennweite vor. Für ein gegebenes Negativformat und ein vor-
liegendes Objekt, das formatfüllend abgebildet werden soll, muß der
Abstand zwischen Gegenstand und Kamera um so größer sein, je länger
die Brennweite ist. Soweit der Kamerastandpunkt aber gewählt werden
kann, läßt sich durch sachgerechte Auswahl die Bildaussage wesentlich
unterstützen.

Die Teile des Aufnahmegegenstandes, die der Kamera näherstehen, werden naturgemäß größer abgebildet als weiter entfernte Gegenstände.
Der Unterschied ist um so deutlicher, je kürzer die Brennweite des

Objektivs gewählt wird, da für kurze Brennweiten auch die Entfernung
zum Gegenstand gering ist. Aufnahmen mit kurzbrennweitigen Objektiven
liefern daher leicht eine übertriebene, dramatische Perspektive. Lange
Brennweiten führen hingegen zu einer kaum bemerkbaren Tiefenstufung,
wie es die Teile von Bild 3-1 zeigen. Man kann dies zur Bildgestaltung

Bild 3-1: Aufnahmen desselben Objekts mit
29 mm Brennweite (links oben), 50 mm
(rechts oben) und 135 mm (rechts)

ausnutzen. Wenn z. B. die Länge einer Bearbeitungsstraße betont werden soll, so wird man eher eine kurze Brennweite wählen. Um mehrere gleichgroße Objekte darzustellen, die nicht in einer Ebene parallel zur Filmebene liegen, ist es ratsam, eine normale bis lange Brennweite zu benutzen. Eine gewisse Mindest- Tiefenstaffelung empfiehlt sich oft. Man ordnet demnach nicht alle Teile ohne erhebliche Tiefenausdehnung wie auf Ansichtspostkarten nebeneinander an, es sei denn, es kommt auf die Wiedergabe der gegenseitigen Größe an. Ein Maßstab im Bild muß natürlich in der Ebene der Objekte liegen. Die Wahl der Brennweite hat, wie schon angeführt, auch andere Folgen. Objektive kurzer Brennweite weisen Verzerrungen am Bildrand auf, lange Brennweiten ergeben geringe Tiefenschärfe, was oft starkes Abblenden erfordert. Das führt zu relativ langen Belichtungszeiten bzw., falls das unzulässig ist, muß hochempfindlicher Film verwendet werden. Wenn die Tiefenschärfe (z. B. bei Nahaufnahmen) auch bei kleinster Blende nicht ausreicht, kann man notfalls eine Lochblende mit noch kleinerer Öffnung vor das Objektiv setzen.

Ausgedehnte, etwa relativ hohe Gegenstände erfordern oft ein Neigen der Kamera. Bildebene und Filmebene sind nicht einander parallel, wodurch entferntere Teile relativ zu klein abgebildet werden. Im unbehandelten Positiv wirkt sich das dahingehend aus, daß die Gegenstände schiefzustehen scheinen, sog. <u>stürzende Linien</u> auftreten. Wenn man nicht die Möglichkeit hat, dies (durch Schwenken der Filmebene und Versetzen des Objektivs aus der Bildmitte heraus) schon bei der Aufnahme auszugleichen, was nur mit hochwertigen Plattenkameras vollständig möglich ist, kann ein großer Teil dieser Verzeichnung beim Vergrößern rückgängig gemacht werden, indem man die Ebene des Fotopapiers gegenläufig neigt und relativ stark abblendet. Nach einem solchen Entzerren ist allerdings der Abbildungsmaßstab aller Teile im Bild nicht gleich. Zum Ausmessen von Längen sind entzerrte Bilder deswegen nicht besonders geeignet.

Es ist klar, daß zumindest der bildwichtige Teil technischer Aufnahmen <u>scharf</u> wiedergegeben werden muß. Für "künstlerische Unschärfen" ist in solchen Bildern kein Platz. Objektivbrennweite, Entfernungseinstellung und Blendenzahl sind hierzu so aufeinander abzustimmen,

daß die Tiefenschärfe ausreicht. Unwichtigere Teile wie den Hintergrund kann man dagegen durch die Unschärfe als nebensächlich kennzeichnen. Die verlangte Schärfenverteilung bestimmt oft die Blendenzahl und damit die Belichtungszeit. Bei neueren, automatisch Blende
und/ oder Belichtungszeit wählenden Kameras muß man oft in die selb-
ständige Arbeitsweise eingreifen, damit neben der richtigen Belichtung auch die Nebenbedingungen erfüllt werden. Um sich bei Spiegelreflexkameras mit Springblende ein (grobes) Bild von der Schärfenverteilung zu verschaffen, ist es nötig, die Stellung M (manuell) zu benutzen, also die Einrichtung nicht zu verwenden, die erst unmittelbar
vor der Belichtung die Blende auf den vorgewählten Wert schließt.

Man wird bei der Aufnahme das vorgegebene Filmformat möglichst vollständig ausnutzen, also das Objekt formatfüllend abbilden. Das be-
trifft meist nur eine der Filmausdehnungen. Das Papierbild braucht
natürlich nicht das Seitenverhältnis des Filmes zu zeigen, auch nicht
das Verhältnis des sog. Goldenen Schnittes (2 : 3).

3.3 Beleuchtung und Hintergrund

Wie man durch Beobachtung leicht feststellt, ändert sich der Eindruck
von einem Gegenstand mit der Art der Beleuchtung /17/. Ein Lichtauffall aus der Kamerarichtung (Amateurregel: Sonne im Rücken) führt zu
flachen, unplastischen Bildern. Seitenlicht ergibt eine deutliche Glie-
derung der Gegenstände und eine Betonung ihrer körperlichen Formen,
Gegenlicht (ohne die Lichtquelle selbst im Bild) ein Hervorheben der
Konturen. Gestreutes, z. B. von hellen Flächen reflektiertes Licht
liefert weichere, verbindlichere Aufnahmen, gerichtetes Licht harte
Hell- Dunkel- Unterschiede. Die Art des Gegenstandes verlangt vielfach eine bestimmte Beleuchtungsart. Sie ist natürlich für Objekte,
die spiegelnde Flächen oder sonst eine wesentliche Oberflächenstruk-
tur zeigen, besonders wesentlich (Bild 3-2). Eine geschickte Beleuchtung erspart oft das nachträgliche Bearbeiten der Bilder von Hand,
z. B. das Nachziehen der Konturen.

Bild 3-2: Mineral (Bleiglanz) bei unterschiedlichen Beleuchtungen, von links oben nach rechts unten: Diffuse Raumbeleuchtung/Lampe aus Kamerarichtung/bewegte Lampen links/rechts vom Objekt/zu stark spiegelnde Lichtquellen. Das Teilbild rechts entstand aus der Kombination der Negative von den Bildern der mittleren Reihe

Mit der Art der Beleuchtung verbunden ist die Art, wie sich die Schatten darstellen. Meist tragen Körperschatten wenig zur Information bei und sind daher unerwünscht. Unter- und Hintergrund, auf die sie zum Teil fallen, müssen daher passend zur festgelegten Beleuchtungsart gewählt werden, z. B. dunkel oder ganz hell (überbelichtet). Oft wären in einer Aufnahme gegensätzliche Bedingungen zu erfüllen; etwa ist eine harte, kontrastreiche Beleuchtung erwünscht, um die typischen Konturen hervorzuheben, andererseits aber wäre eine weiche Beleuchtung sinnvoll, um der Bildung der störenden, scharf begrenzten Schatten im Objekt und dem Hintergrund entgegenzuwirken. In solchen Fällen wird man nicht ohne eine nachträgliche Bildbearbeitung auskommen.

Die Beleuchtung naturwissenschaftlich- technischer Objekte strebt nicht nach ästhetischen Effekten, dem schönen Bild, obwohl sich die objektive Darstellung und ein angenehmer Eindruck nicht widersprechen. Sie muß vor allem gewährleisten, daß der wesentliche Bildinhalt einwandfrei zu erkennen ist und gegebenenfalls hervortritt. Dazu ist oft eine kombinierte Beleuchtung zweckmäßig. Das Hauptlicht wird aus der Aufnahmerichtung auf den Gegenstand geworfen. Es wird häufig relativ weich (also gestreut) sein. Soweit Lampen mit großflächigen Streuschirmen nicht verfügbar sind, kann man das an Decken oder Wänden gestreute Licht gerichteter Quellen benutzen. Hinzu tritt zweckmäßig, je nach der Art des Gegenstandes, Seiten- oder Gegenlicht zur Betonung der Form. Vielfach wären zu einer solchen Aufnahme mehrere Lampen nötig. Für Zeitaufnahmen kann auch eine Lampe nacheinander in verschiedene Stellungen gebracht werden, wozu allerdings einige Phantasie und eine geschickte Abstimmung der Teilbelichtungen zueinander erforderlich ist. Man hat darauf zu achten, daß sie nicht unbeabsichtigt durch das Bildfeld bewegt wird oder gerichtete Reflexe ergibt.

Schatten im Gegenstand selbst lassen sich durch die Anordnung der Lichtquellen vermeiden oder verringern. Hat man die Wahl zwischen einer Moment- und einer Zeitbelichtung, so wird man oft die zweite wählen und statt mehrerer, weich strahlender Quellen bewegte Lampen benutzen. Die Beleuchtung des Gegenstandes muß nicht gleichmäßig sein. Dunkle Bildteile kann man von vornherein kräftiger beleuchten, um den Bildkontrast zu mindern. Hierfür eignen sich Scheinwerfer (z. B.

ein Diaprojektor, auch mit eingefügten Masken), für kleine Objekte
auch Aluminiumfolien, Hohlspiegel (Rasierspiegel) oder Taschenlampen.

Sehr ausgedehnte technische Objekte, die sich nicht bei Tageslicht
aufnehmen lassen, fotografiert man entweder mit bewegten Lampen, mit
Mehrfachblitzen (vgl. in 3.4.2) oder auch bei der vorhandenen Raumbeleuchtung, sofern sie ausgeglichen und eine Zeitbelichtung möglich ist.
Es ergibt oft bessere Ergebnisse, selbst bei sehr schwacher Raumbeleuchtung zu fotografieren als die ungleichmäßige Beleuchtung, zu der
ein nicht hinreichender Lampenpark führt, hinzunehmen (Bild 3-3).

Bild 3-3: Ausgedehnter Aufnahmegegenstand, links bei der vorhandenen, diffusen
Beleuchtung, rechts mit mehreren Lampen aufgenommen

Welche Forderungen nun sind an den Hintergrund zu stellen ? Er soll
zunächst so beschaffen sein, daß sich das Objekt gut abhebt. Für
helle Gegenstände wird man demnach mittelgraue bis dunkle - nur in
Ausnahmefällen ganz schwarze - Hintergründe, für dunkle Objekte helle
Hintergründe wählen. Wenn das Aufnahmeobjekt selbst aus sehr unterschiedlich hellen Teilen besteht, kann man auch einen geteilten Hintergrund in Betracht ziehen. Die natürliche Umgebung als Hinter- oder
Untergrund läßt sich als zweitrangig kennzeichnen, indem man zwischen
das Aufnahmeobjekt und den Hintergrund zartes, unstrukturiertes Ge-
webe anbringt, was diesen je nach Beleuchtung heller, dunkler oder
unscharf erscheinen läßt. Sonst benutzt man als abschließenden Hintergrund außer einfarbigem Papier (z. B. Packpapier) Stoffbahnen, un-
gemusterte Tapeten, geriffelte Silberfolien usw., als ganz schwarzen
Hintergrund auch den Nachthimmel oder eine mattschwarz ausgeschlagene
Kiste. Nicht alle technischen Objekte erlauben es, einen zweckmäßigen
Hintergrund anzubringen. Vielfach muß man Korrekturen durch Bildbearbeitungen nachträglich anwenden. Manuelle (Spritz-) Retuschen werden
relativ einfach, wenn der Untergrund einheitlich weiß ist oder durch
diese Retusche werden soll. Zu berücksichtigen ist, daß der Schwierig-
keitsgrad der Handretusche von der Gestalt des Objekts abhängt, wie
in 4.2 ausgeführt. Für Gegenstände mit einfachen Umrissen wird man daher eher eine nachträgliche Retusche vorsehen als für feingliedrige
und kompliziert geformte Objekte.

Ein in der Vorlage weißer Hintergrund erscheint nicht unbedingt auch
im Papierbild weiß. Es ist wesentlich, ihn ausreichend lange zu belichten. So kann man - unabhängig von der Beleuchtung des Objektes
selbst - z. B. einen oder mehrere Elektronenblitze auf ihn richten.

Schatten sind im Hintergrund dann nicht zu erkennen, wenn er entweder
viel heller oder dunkler als die Teile des Vordergrundes ist oder wenn
die Schatten außerhalb des Bildfeldes liegen. Schattenlose Aufnahmen
kleiner Objekte stellt man her, indem der Gegenstand auf eine Glasplatte gelegt und ein weit entfernter, getrennt beleuchteter Hintergrund benutzt wird. Die Reflexionen des Objekts selbst und evtl. der
Kamera auf der Glasplatte dämpft man mit Polarisationsfiltern. Auch
kann man einen ausreichenden Abstand zwischen dem Aufnahmeobjekt und

dem Hintergrund durch Haltekonstruktionen erreichen, die genau hinter
dem Gegenstand liegen und durch ihn verdeckt werden (Bild 3-4).

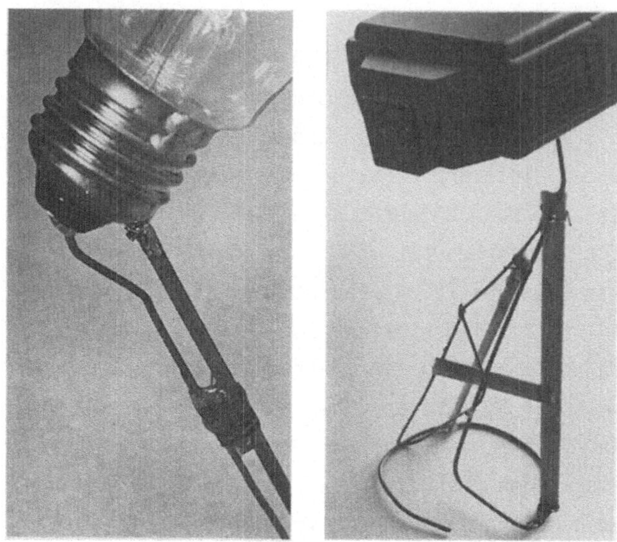

Bild 3-4: Haltekonstruktionen zu Bild 3-5 und 4-5

3.4 Einige Tricks

Bevor wir zur nachträglichen Bearbeitung von Bildern kommen, sollen
einige Kniffe erwähnt werden, die schon bei der Aufnahme auf die Besonderheiten des Gegenstandes Rücksicht nehmen und damit oft aufwendige Nachbehandlungen unnötig machen.

3.4.1 Aufnahme kontrastreicher Objekte

Um die Schwärzungsunterschiede in Bildern sehr kontrastreicher Vorlagen zu begrenzen, ohne daß nachträgliche Bildbearbeitungen nötig
werden, ist es gelegentlich möglich, die wirksame Belichtungszeit
oder die Intensität des hellen Bildteiles herabzusetzen. Es gibt manchmal einfache, nicht sensationelle Motive, deren Wiedergabe doch be-

trächtliche Mühe macht. So ist es z. B. schwierig, von einer leuchten-
den Glühlampe wegen der zu großen Kontraste sowohl den Leuchtfaden
als auch den Glaskörper und die Fassung im Papierbild gut abgestuft
wiederzugeben. In Bild 3-5 wurde die Lampenspannung herabgesetzt, so

Bild 3-5: Glühlampen, mit herab-
gesetzter Spannung aufgenommen

daß durch eine Aufnahme auf
Film normaler Gradation alle
Teile hinreichend durchge-
zeichnet wurden. Oft ist es
auch möglich, den intensi-
ven Vorgang nur während
eines Teiles der (Zeit-)
Belichtung einzuschalten,
so z. B. in lange zu be-
lichtenden Aufnahmen dunkler Anlagenteile, bei denen
sich Lichtquellen im Bild
befinden. Nicht abschalt-
bare Teile lassen sich zeit-
weise abdecken usw. In einer Nachtaufnahme z. B. von
Anlagen erscheinen die Licht-
quellen immer zu stark geschwärzt, oft auch mit einem sehr störenden
Lichthof versehen. Gelegentlich kann man, entweder (soweit es geräte-
technisch möglich ist) durch eine Doppelbelichtung oder ersatzweise
durch Kombination zweier Negative, hierfür eine Aufnahme in der
Dämmerung (ohne künstliche Lichtquellen) und die Nachtaufnahme gemeinsam benutzen, womit auch die dunklen Teile Zeichnung erhalten.
Eine ähnliche Kontrastminderung durch Negativkombination wird in 4.2
gezeigt.

3.4.2 Unterdrücken des Hintergrundes

In manchen Fällen kann ein störender Hintergrund, der nicht zu vermeiden ist (Bild 3-6), ohne besondere Bildbearbeitung dadurch schon
bei der Aufnahme zu einem dunklen Hintergrund werden, daß man das
Objekt bei Nacht aufnimmt. Lichtquellen oder Teile des Himmels (der
bei Nachtaufnahmen stets unnatürlich hell wiedergegeben wird) sollen

Bild 3-6: Technisches Denkmal. Der natürliche Hintergrund, der erheblich vom Objekt ablenkt, läßt sich nicht vermeiden

Bild 3-7: Dasselbe Objekt, bei Nacht und mit Mehrfach-Elektronenblitz aufgenommen

sich nicht im Bild befinden. Gegebenenfalls werden sie durch nachträgliche Bearbeitung (Nachbelichten, Abdecken) dunkler. Der Bildcharakter ändert sich zwar oft gegenüber der Tageslichtaufnahme. Das
Bild braucht aber nicht den typischen Eindruck von Nachtaufnahmen mit
großen, nicht durchgezeichneten (dunklen) Teilen im Bildfeld, zu machen, wenn es gelingt, das Objekt hinreichend zu beleuchten. Für ausgedehnte Aufnahmegegenstände ist dies allerdings schwierig. Man kann
die integrierende Eigenschaft der Fotoschicht ausnutzen, wenn man mit
Stativ arbeitet und durch eine einzelne Lichtquelle die Teile des (unbewegten) Objekts nacheinander beleuchtet, wie schon erwähnt wurde.
Neben Dauerlichtquellen, bei denen oft die Zuleitung stört, eignen
sich von der Kamera gelöste Elektronenblitze hierzu besonders. Soweit
der Hintergrund genügend weit vom Aufnahmeobjekt entfernt ist, bleibt
er ausreichend dunkel. Natürlich ist darauf zu achten, daß die Lichtquelle niemals ins Objektiv der Kamera leuchtet. In Bild 3-7 wurde
ein Elektronenblitz 40 mal auf das Objekt gerichtet. Man braucht dazu
während der Zeitaufnahme einiges Vorstellungsvermögen, weil man das
Ergebnis der einander überlagernden Belichtungen erst auf dem Negativ sehen kann. Wenn jeder Blitz ein Bildteil belichtet, so verwendet man die Leitzahl in gewohnter Weise. Überdecken sich - wie hier -
die Blitze teilweise, so erhöht sich die wirksame Leitzahl um den
Faktor 1,2 ... 1,5.

Im übrigen kann man die Nachtaufnahme als Maske zum Einkopieren
eines fremden Hintergrundes benutzen, soweit es gelingt, eine Tag-
und eine Nachtaufnahme exakt vom gleichen Standpunkt aus herzustellen. Der vollständig dunkle Hintergrund dient - nach einigen Kopiervorgängen, die die Deckung im Objekt selbst verringern - als Maske,
mit der in der Tageslichtaufnahme der unerwünschte Hintergrund abgedeckt wird /18/. Der Vorteil solcher Verfahren, der vor allem bei
komplizierten Objekten hervortritt, ist, daß man sich die mühevolle
Abdeckarbeit von Hand (vgl. 4.2) erspart.

3.4.3 Phantombilder, Klebemontagen und Explosionsdarstellungen

Als Phantombilder werden kombinierte Aufnahmen bezeichnet, die sowohl die äußere Form als auch das Innere technischer Objekte zeigen
(Bild 3-8 links). Man nimmt den Gegenstand in exakt gleicher Entfer-

nung und Stellung einmal mit, dann ohne Gehäuse auf, was einige Vor-
bereitungen verlangt (Schrauben lösen; sichere Lagerung), stellt über
Filmpositive, mindestens im Format 9 cm x 12 cm, schwach gedeckte

Bild 3-8: (links) Phantombild, (rechts) Klebemontage

Negative her und montiert beide übereinander. Durch Kopieren im
gerichteten Licht, also nicht in einem Kopiergerät, erhält man das
endgültige Bild.

Statt Phantombildern lassen sich oft auch sichtbare Klebemontagen
verwenden (Bild 3-8 rechts). Aus den beiden Papierpositiven, die das
Äußere und das Innere zeigen, wird das endgültige Papierbild zu-
sammengestellt. Solche Montagen erfordern keine besondere Fertigkei-
ten. Man klebt einfach ein zugeschnittenes Bildstück auf das vollständige Bild des anderen Teiles. Die Schnittlinie kann man deutlich hervorheben, um auf die Montage hinzuweisen.

Explosionsdarstellungen zeigen Geräte aus vielen Einzelteilen so, daß
ein Teil neben dem anderen wiedergegeben wird, während sie tatsächlich
ineinander stecken, also gewissermaßen nach einer linear in den Achsen
gedachten, gleichmäßig wirkenden Explosion. Eine solche Darstellung
ist weniger ein Aufnahme- als ein Retuscheproblem. Die getrennten Teile werden durch Fäden, Glasplatten, Kunststoffachsen usw. sichtbar ge-

halten, am besten vor weißem Hintergrund. Anschließend übermalt man
im Positiv alle mechanischen Hilfen einheitlich weiß.

3.4.4 Fernseh- und Oszilloskopbilder

Bildschirmwiedergaben, z. B. kleine Teile von Rechnerprogrammen (anstatt der meist kontrastarmen, daher nur schwer wiederzugebenden Ausdrucke, vgl. in 4.1) auf Monitoren, sind leicht aufzunehmen. Man hat
nur darauf zu achten, daß die Bildschirm- Vorderfläche und die Filmebene parallel zueinander stehen und störende Reflexionen an der Front-
fläche des Monitors nicht auftreten. Solche Spiegelungen werden durch
Verdunkeln des Raumes oder Präparieren der Vorderfläche vermieden.
Man kann eine matte Folie auflegen oder die Fläche mit Mattlack be-
sprühen.

Die Aufnahme bewegter Bilder auf Monitoren bietet dazu einige Besonderheiten. Wie bekannt, werden Fernseh- oder Oszilloskopbilder punktweise entworfen. Damit auf dem Film ein vollständiges Bild entsteht,
darf demnach die Belichtungszeit nicht kleiner als ein Strahldurchlauf sein. Besser ist es, 2 ... 3 Teilbilder aufzunehmen. Für Fern-
sehaufnahmen führt das zu Belichtungszeiten von 1/10 bis 1/5 s. Hinsichtlich der Bildqualität darf man sich keine übertriebenen Vorstellungen machen. Die Wiedergabe selbst eines ungestörten Fernseh-
bildes hat nie dieselbe Qualität wie ein entsprechendes Foto.

Es ist häufig nötig, Oszillogramme fotografisch aufzunehmen. Meist
geschieht das, indem eine (Spiegelreflex-) Kamera auf den Schirm gerichtet wird. (Früher brachte man auch einen Film unmittelbar vor der
Leuchtschicht an.) Man nimmt Oszillogramme entweder in verdunkelten
Räumen oder mittels der lieferbaren Tuben auf, die vor den Schirm
gesetzt werden können und Seitenlicht abhalten. Die Belichtungszeit
ist, wie gesagt, nicht frei wählbar. Für einen Schirm von 10 cm
Breite und eine Zeitablenkung von 1 ms/cm kann die Belichtungszeit
nicht kürzer als 1/100 s sein, um ein vollständiges Bild zu erhalten. Für stationäre Vorgänge ist es ratsam, ein Vielfaches der Mindestzeit zu wählen. (Einmalige Vorgänge lassen sich, ebenso wie die

Hellsteuerung oder der einmalige Strahldurchlauf, übrigens durch
den Synchronisationskontakt der Kamera starten.)

Man sieht sehr oft Darstellungen oszilloskopisch aufgenommener Verläufe, die aus <u>unterbrochenen</u> Kurvenstücken bestehen. Das rührt daher, daß die Teile der Kurve mit unterschiedlichen Strahlgeschwindigkeiten und somit Helligkeiten dargestellt werden, die sich um Größenordnungen unterscheiden können. Soweit man nicht besondere Schaltungen benutzen will, die die Punkthelligkeit von der Strahlgeschwindigkeit abhängig machen /19/, wird man versuchen, durch die Wahl höchstempfindlicher, das heißt sehr weich arbeitender Filme den Verlauf sowohl der schnell gezeichneten, also lichtschwachen Teile, z. B. der Anstiege oder Abfälle bei Rechteckverläufen, als auch der viel langsamer dargestellten (helleren) Teile zu erfassen. Die Höhe der Schwärzung hängt von mehreren Einflußgrößen ab, darunter dem Abbildungsmaßstab, der gewählten Strahlhelligkeit und -schärfe, der Ablenkgeschwindigkeit und selbstverständlich der Belichtungszeit und der Blendenöffnung. Meist sind einige Versuche nötig, um eine befriedigende Darstellung zu erhalten. Messungen mit den üblichen Belichtungsmessern ergeben keine brauchbaren Werte.

Von vornherein soll klar sein, ob man zur Auswertung der Kurven das <u>Raster</u> braucht, das oft vor dem Leuchtschirm angebracht ist, oder nicht. Im ersten Falle muß die Beleuchtung des Rasters (bzw., wenn eine innere Beleuchtungseinrichtung im Oszilloskop nicht vorgesehen ist, eine gleichmäßige, nicht spiegelnde Raumbeleuchtung) passend zur gewählten Strahlhelligkeit eingestellt werden, vgl. anschließend. Im zweiten Falle entfernt man die Teilung, soweit möglich, oder beleuchtet sie nicht. Breite Kurven oder Kurventeile lassen sich sehr genau quantitativ auswerten, wenn man das Negativ auf Äquidensitenfilm vergrößert, wie in 4.7 beschrieben. Dabei ist allerdings zu bedenken, daß die Äquidensite für unterschiedlich breite Kurven nicht die Mittellinie markiert, sondern die beiden Begrenzungen. Gegebenenfalls hat man zwischen beiden zu mitteln. Zur bloßen Darstellung läßt sich eine der entstehenden Äquidensiten abdecken.

In den meisten Fällen ist zur Auswertung die Schirmteilung mit darzustellen. Sie ist vielfach dunkel, während die Kurve hell ist. Wenn

54

man beide in
einem nicht be-
sonders nachbe-
handeltem Bild
wiedergeben
will, muß dem-
nach der Unter-
grund mittelhell
sein, wie es das
nebenstehende
Bild zeigt. In
dieser Weise wer-
den Oszilloskop-
aufnahmen meist
wiedergegeben.
Vollständig be-

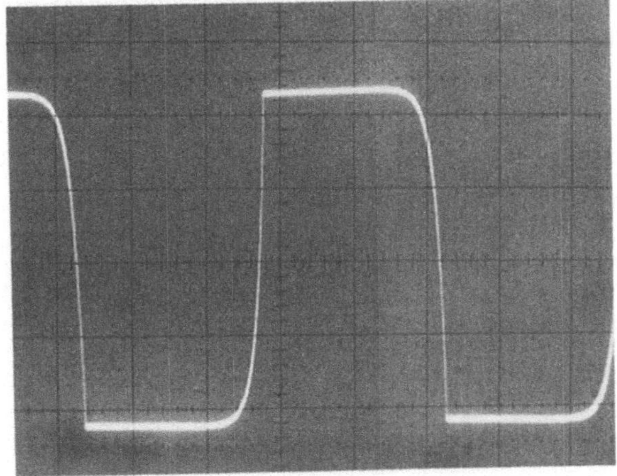

Bild 3-9: Aufnahme vom Oszilloskopschirm

friedigen kann eine solche Darstellung nicht. Durch Bildbearbeitungen
sind wesentliche Verbesserungen möglich, wie es im Abschnitt 5.3 am
gleichen Beispiel gezeigt wird.

3.4.5 Panorama- und Rasterbilder

Um ausgedehnte Vorlagen, z. B. Industrieanlagen oder architektonische
Objekte, wiederzugeben, hat man neben der Verwendung kurzbrennwei-
tiger Objektive die Möglichkeit, mehrere Teilbilder zu kombinieren,
für Druckvorlagen am einfachsten durch Klebemontage. Das hat den Vor-
zug, daß die natürliche Perspektive erhalten bleibt und nennenswerte
Verzerrungen am Bildrand nicht auftreten. Die Art der Abbildung, also
z. B. die Größenabstufung von Vorder- und Hintergrund, die durch die
Brennweite des Objektivs festgelegt ist, und der Bildwinkel werden
durch Montagen unabhängig voneinander. Bei Objekten, die Bildwinkel
von mehr als 120° einnehmen, hat man meist gar keine andere Wahl, soweit man nicht extreme Verzerrungen, die an Karikaturen erinnern (bei
Verwendung der extrem kurzbrennweitigen "fish- eye"- Objektive), erhalten will. Man kann durch Montagen im Prinzip beliebig große Bildwinkel erreichen, ohne daß ein unnatürlicher Eindruck entsteht.

Wenn Teilbilder zusammengefügt werden sollen, die nacheinander mit
derselben Kamera aufgenommen wurden, so sind einige Anforderungen an
das Aufnahmeobjekt zu stellen. Es soll einige Zeit konstant beleuchtet sein, und Bewegungen über die Teilbildgrenzen hinaus (Fahrzeuge,
Rauchfahnen) dürfen nicht auftreten. Die Tiefenstaffelung des Objekts
soll nicht ausgeprägt sein. Bei vielfältigem Vorder- und Hintergrund
ist es sehr schwierig, die Teilbilder störungsfrei aneinanderzufügen.

Am günstigsten ist, wenn die
Objekte in einer Ebene liegen. Nach Möglichkeit sollen
auch keine Teile mehreren
Bildern gemeinsam sein (z. B.
durchlaufende Geleise). Die
Verzerrungen an solchen Teilen sind kaum auszugleichen.
Positive müssen in den Halbtönen ganz gleichmäßig ausfallen. Man vermeidet es bei
der Klebemontage nach Möglichkeit, Halbtöne anein-
derstoßen zu lassen, sondern
legt die Schnittkanten längs

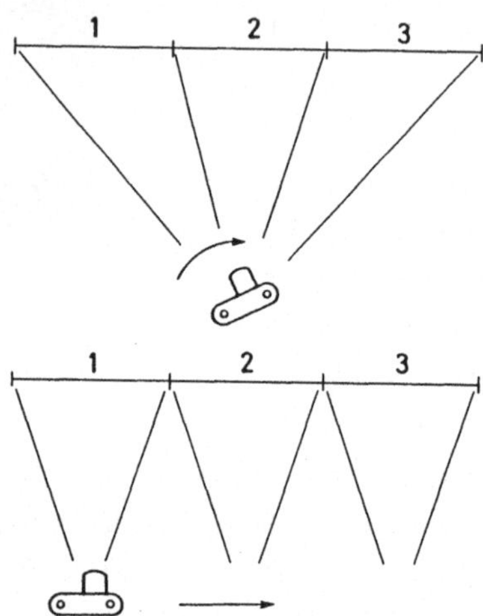

Bild 3-10: oben: Prinzip Panorama-
aufnahme, unten: Prinzip der Raster-
aufnahme

scharfer Konturen. Eine gewisse Handbearbeitung der Grenzlinien ist
meist nicht zu vermeiden.

Zu unterscheiden sind Panorama- und Rasterbilder (Bild 3-10). Die
Teilaufnahmen sollen sich immer überlappen, um bei der Montage geeig-
nete Schnittkanten auswählen zu können. Teile am äußersten Bildrand
können - vor allem bei Weitwinkelaufnahmen - merklich verzeichnet
sein, was eine Montage unter Umständen ausschließt. Auch stürzende
Linien sollen nicht auftreten.

Nach dem Rasterprinzip lassen sich verzeichnungsfrei lange oder groß-
flächige Objekte wiedergeben, auch durch Zusammensetzen in zwei Dimen-
sionen. Unter anderem werden dadurch Mikroaufnahmen ausgedehnter (un-
belebter) Objekte sowohl mit hoher Vergrößerung als auch hoher Auflösung möglich, Wünsche, die sich sonst ausschließen. Solche Aufnahmen
sind mit Kreuztischen, die eine Teilung tragen, leicht herzustellen.

4 Die Bearbeitung von Halbtonbildern

4.1 Anforderungen an Fotos als Druckvorlagen

Halbtonbilder zur Veröffentlichung - z. B. in Fachzeitschriften -
müssen einige technische Bedingungen erfüllen, damit eine befriedigende, der Sache dienende Wiedergabe möglich ist. Oft legt der Autor
Schwarz- Weiß- Papierbilder vor. Gegenüber der Bereitstellung der
Negative oder von Dias hat das den Vorteil, daß man das Original
zurückbehält, der Bildausschnitt genau festgelegt werden kann und
sich Änderungen anbringen oder zumindest anregen lassen.

Halbtonvorlagen werden für Veröffentlichungen immer getrennt von den
Texten geliefert, da beide in der Produktion verschiedene Wege gehen.
Man klebt sie z. B. auf einzelne A 4- Blätter. Von den Redaktionen
werden oft traditionell Hochglanzbilder verlangt. Der (Oberflächen-)
Hochglanz ist an sich unnötig. Bei neuzeitlichen, mit Kunststoffen
präparierten Papieren ergibt er sich ohnehin von selbst, eine Behandlung mit Hochglanzpresse würde nichts verbessern. Wesentlich für
Druckvorlagen ist der Kontrast, der etwas größer als für die normale
Betrachtung sein soll, um dem unvermeidlichen Verlust bei der Reproduktion und im Druck entgegenzuwirken. Die Bildvorlagen werden auf
reinweißem (also nicht farblich getönten), glänzendem (nicht z. B.
genarbtem) Papier hergestellt. Matte Oberflächen ergeben einen etwas
geringeren Kontrast. Die Vorlagen sollen größer sein als das endgültige Druckbild.

Verlage fordern vom Autor heute durchweg reproduktionsfähige Vorlagen, die keiner weiteren Bearbeitung bedürfen. Der wenig erfahrene
Verfasser muß strenge Maßstäbe anlegen, nach denen er ein Bild als
reproduktionsfähig ansieht. Häufig werden technische Aufnahmen wiedergegeben, die durchaus nicht diese Mindesteigenschaften haben, also
z. B. unklaren Inhalt, unvorteilhafte Beleuchtung, zu geringen Kontrast usw. zeigen. Aufnahmen mit Sofortbild- oder Pocketkameras und
bereits gerasterte (Druck-) Bilder sind ungeeignet. Der gewünschte
Bildausschnitt kann durch Beschneiden der Vorlage gewählt oder auch

am Rande angegeben werden. Man kann ferner den Verkleinerungsmaßstab
anführen. Die Bildbreite im Druck richtet sich meist nach der Spal-
tenbreite der Zeitschrift. Soweit (in Ausnahmefällen) die Redaktionen bereit sind, auch Retuschen vornehmen zu lassen, hat man die ver-
langten Änderungen auf Transparentbogen anzugeben, die über das Bild
gelegt und einseitig angeklebt werden. Man schraffiert z. B. Bildteile mit der Angabe "dunkler". Der Grafiker, der die Bearbeitungen vornimmt, kann kein Fachmann des speziellen Gebietes sein. Man muß daher
sorgfältig auf ganz eindeutige, klare Angaben achten. Soweit möglich,
wird man die retuschierten Bildvorlagen vor Verwendung noch prüfen.
Wie schon angeführt, eignen sich Farb- Papierbilder nur in Notfällen
zur Schwarz- Weiß- Reproduktion. Sie ergeben oft Druckbilder mit zu
geringem Kontrast.

In den meisten Fällen liefert der Autor Halbtonbilder, die auch als
solche reproduziert werden, oder Strichzeichnungen. Es gibt aber auch
Vorlagen, die - gegebenenfalls nach einer geringfügigen Bearbeitung -
vorteilhaft als Strichvorlagen gedruckt werden, obwohl sie an sich
Halbtonbilder sind. In Arbeiten, die sich mit Programmen für daten-
verarbeitende Anlagen beschäftigen, sind oft Ausdrucke (listing) wiederzugeben. Die Wiedergabe durch Punktdrucker zeigt häufig einen so
geringen Kontrast, daß ein Druck kaum möglich oder, wenn er doch erfolgt, das Bild fast unleserlich ist. Der Kontrast der Vorlage läßt
sich z. B. durch Duplizieren mit hochwertigen Fotokopiergeräten (oder
großformatige Zwischenkopien auf extrem hart arbeitende Reprofilme)
erhöhen. Als Strichbild gedruckt, sind sie ungleich besser zu ent-
ziffern (Bild 4-1 und 4-2). Für kurze Ausgaben kann man auch die Darstellung auf dem Bildschirm fotografieren (Bild 4-3, hier als Negativ
wiedergegeben). Das liefert ebenfalls genügend kontrastreiche Bilder.
Fotografisch nicht einwandfreie Vorlagen wie Oszillogramme, Tinten-
schriebe usw. verlangen oft eine besondere Handbearbeitung, ebenso
wie vorgelegte unbefriedigende Strichzeichnungen (vgl. unter 5.3).

4.2 Retuschen

Die Handretusche /20/ ist eine handwerkliche Kunst, in der es Einzelne erstaunlich weit gebracht haben. Die Werbung gibt häufig Beispiele

```
7325 if mid$(a$(a),2,1)= chr$(34) then a$(a)= mid$(a$(a),3)
7330 if ty =2 then 7400
7360 if mid$(a$(a),1,3)="**2" then z=1:zi=zi+1:gosub 10000: ty=2: gosub 10100
7380 if mid$(a$(a),1,3)="**2" or mid$(a$(a),1,3)="**3" then a=a+1: goto 7325
7400 if mid$(a$(a),11,3)="**1" or mid$(a$(a),1,3)= "**1" then 7430
7420 goto 7440
7430 ty=1: z=2: zi= zi+2: gosub 10000: gosub 10100: a=a+1: goto 7325
7440 if mid$(a$(a),1,2)="*s" or mid$(a$(a),11,2)="*s"then 8080
7600 if mid$(a$(a),1,1)="*" or mid$(a$(a),11,1)="*" then 8300
7610 if mid$(a$(a),1,1)="0" and mid$(a$(a+1),1,1) ="0" then 7620
7615 goto 7630
7620 nr=nr+1: gosub 13500: ze=1: goto 7320
7630 rem beginn zeilenuebersetzg.
7640 z$=a$(a): b$ = "":z1$="": b1=len(z$): if b1=0 then z$="    ": b1=2
7660 for b=1 to b1: z1$= mid$(z$,b,1)
7670 if z1$=chr$(29) or z1$=chr$(157) then next b
7680 if z1$= chr$(64)or z1$=chr$(221)or z1$=chr$(93)or z1$=chr$(38) then 7740
7700 if z1$= chr$(219) or z1$=chr$(91)  or z1$= chr$(35) then 7740
```

Bild 4-1: Ausdruck eines Punktdruckers

```
7325 if mid$(a$(a),2,1)= chr$(34) then a$(a)= mid$(a$(a),3)
7330 if ty =2 then 7400
7360 if mid$(a$(a),1,3)="**2" then z=1:zi=zi+1:gosub 10000: ty=2: gosub 10100
7380 if mid$(a$(a),1,3)="**2" or mid$(a$(a),1,3)="**3" then a=a+1: goto 7325
7400 if mid$(a$(a),11,3)="**1" or mid$(a$(a),1,3)= "**1" then 7430
7420 goto 7440
7430 ty=1: z=2: zi= zi+2: gosub 10000: gosub 10100: a=a+1: goto 7325
7440 if mid$(a$(a),1,2)="*s" or mid$(a$(a),11,2)="*s"then 8080
7600 if mid$(a$(a),1,1)="*" or mid$(a$(a),11,1)="*" then 8300
7610 if mid$(a$(a),1,1)="0" and mid$(a$(a+1),1,1) ="0" then 7620
7615 goto 7630
7620 nr=nr+1: gosub 13500: ze=1: goto 7320
7630 rem beginn zeilenuebersetzg.
7640 z$=a$(a): b$ = "":z1$="": b1=len(z$): if b1=0 then z$="    ": b1=2
7660 for b=1 to b1: z1$= mid$(z$,b,1)
7670 if z1$=chr$(29) or z1$=chr$(157) then next b
7680 if z1$= chr$(64)or z1$=chr$(221)or z1$=chr$(93)or z1$=chr$(38) then 7740
7700 if z1$= chr$(219) or z1$=chr$(91)  or z1$= chr$(35) then 7740
```

Bild 4-2: Bild 4-1, mit Fotokopiergerät umkopiert und als Strichzeichnung gedruckt

```
7325 if mid$(a$(a),2,1)= chr$(34) then a$(a)= mid$(a$(a),3)
7330 if ty =2 then 7400
7360 if mid$(a$(a),1,3)="**2" then z=1:zi=zi+1:gosub 10000: ty=2: gosub 10100
7380 if mid$(a$(a),1,3)="**2" or mid$(a$(a),1,3)="**3" then a=a+1: goto 7325
7400 if mid$(a$(a),11,3)="**1" or mid$(a$(a),1,3)= "**1" then 7430
7420 goto 7440
7430 ty=1: z=2: zi= zi+2: gosub 10000: gosub 10100: a=a+1: goto 7325
7440 if mid$(a$(a),1,2)="*s" or mid$(a$(a),11,2)="*s"then 8080
7600 if mid$(a$(a),1,1)="*" or mid$(a$(a),11,1)="*" then 8300
7610 if mid$(a$(a),1,1)="0" and mid$(a$(a+1),1,1) ="0" then 7620
7615 goto 7630
7620 nr=nr+1: gosub 13500: ze=1: goto 7320
7630 rem beginn zeilenuebersetzg.
7640 z$=a$(a): b$ = "":z1$="": b1=len(z$): if b1=0 then z$="    ": b1=2
7660 for b=1 to b1: z1$= mid$(z$,b,1)
7670 if z1$=chr$(29) or z1$=chr$(157) then next b
7680 if z1$= chr$(64)or z1$=chr$(221)or z1$=chr$(93)or z1$=chr$(38) then 7740
7700 if z1$= chr$(219) or z1$=chr$(91)  or z1$= chr$(35) then 7740
```

Bild 4-3: Aufnahme vom Monitor, als Negativ dargestellt

hierfür. Bild 4-4 zeigt das Ergebnis einer weitreichenden, hochwertigen Handretusche einer technischen Aufnahme. Wäre es nicht ausgeschlossen, daß ein solches Fahrzeug existierte und in dieser Weise aufgenommen worden wäre, so müßte man (auch bei Betrachtung der Vorlage, die dem Verfasser vorlag) annehmen, ein normales Foto vor sich zu haben. Derart umgestaltende, überaus zeitraubende und daher kostspielige Handretuschen lassen sich daher für die meisten Anwendungen, die hier besprochen werden, allein aus Kostengründen kaum in Betracht ziehen. Es gibt aber einzelne Beispiele, wo sie nötig sind, so bei der Bearbeitung der erwähnten Explosionsbilder.

Bild 4-4: „Mit halben Sachen ist Ihnen nicht geholfen" (Werbung für Kredite)

Einfachere, oft angewandte Retuschemaßnahmen sind das Entfernen von Schlagschatten (auf weißem Grund) und das Nachzeichnen der Umrisse. Auch das sog. Freistellen von Objekten ist auf dem Papierpositiv leicht möglich, d. h. Hinter- und Untergrund erhalten einen gleichförmigen Ton, am einfachsten weiß. Das erfolgt technisch meist durch Spritzretusche mit sehr feinen Düsen. Einfach geformte Gegenstände, die auch scharf begrenzt sein müssen, also keine allmählichen Schwärzungsübergänge zum Hintergrund hin aufweisen sollen, kann man, um denselben Zweck zu erreichen, ausschneiden und auf einheitlich getönten, z. B. weißen Hintergrund kleben. Je größer die Vorlage ist, desto einfacher ist das auszuführen. Man kann auch Bildteile in andere Bilder

60

einkleben /21/, sei es, um einen neuen Hintergrund zu erzielen (wobei
Perspektive und Beleuchtung vergleichbar sein müssen), oder um uneinheitlich geschwärzte Negative auswerten zu können. Das Bild 4-5 zeigt
eine solche Anwendung. Ein vollständig schwarzer Gegenstand mit eini-

Bild 4-5: Vergrößerungen mit unterschiedlichen Belichtungszeiten (links und
Mitte) sowie Klebe-Montage (rechts)

gen stark reflektierenden Teilen wie hier kann in einem Bild - auch
mit allen Aufnahmetricks - naturgemäß nicht befriedigend wiedergegeben werden. Entweder belichtet man "auf die Schatten", also relativ
kurz (im linken Teilbild), wodurch zwar die dunklen Bildteile abgestuft wiedergegeben werden, die hellen aber ohne Zeichnung bleiben,
oder "auf die Lichter" (Mitte), womit die wenig gedeckten Teile des
Negativs viel zu dunkel ausfallen. Im rechten Bildteil ist das recht-
winklig begrenzte Reflektorbild aus einer relativ lang belichteten
Vergrößerung in das auf die Schatten belichtete Bild eingeklebt worden. Dieses Verfahren ist geeignet, wenn die Umrisse des fraglichen
Teiles relativ einfach und scharf sind. Weitere Beispiele sind Oszil-
loskope mit zugleich dargestelltem Schirmbild oder Meßgeräte mit einer Flüsigkristallanzeige. In einem nicht bearbeiteten Foto können
die verschiedenen Teile nicht befriedigend abgebildet werden. Wenn
ein Hintergrund zwar erkennbar, aber als zweitrangig gekennzeichnet
werden soll, so kann das unter anderem dadurch erfolgen, daß man ihn
im Papierbild mit einer Rasterfolie beklebt. Auch dieses Verfahren
eignet sich offenbar nur für einfach geformte Objekte. Um Teile eines
Halbtonbildes, z. B. den Hintergrund, einheitlich heller oder dunkler
zu tönen, können Bildteile mit der Spritzpistole eingefärbt werden.
Das verlangt allerdings viel Übung. Denselben Effekt kann man auch
fotografisch erreichen. Der Vorteil ist hierbei, daß man von Hand

Bildteile auf Filmen nur ganz abzudecken hat. Dies ist unkompliziert,
bei Bildern mit vielen feinen Einzelheiten allerdings unter Umständen
zeitaufwendig. Zunächst wird eine Vergrößerung auf Film hergestellt.
Sie oder eine manuell behandelte Kopie hiervon wird anschließend als
Maske im Kopier- oder Vergrößerungsprozeß benutzt, das heißt z. B.
unmittelbar auf das unbelichtete Vergrößerungspapier gelegt und mit
einer Glasplatte beschwert. Das Papierbild entsteht, indem das Negativ durch die Maske hindurch das Papier belichtet /21/. Bei hinreichend großen Formaten reicht eine Passergenauigkeit von ± 0,5 mm aus.

Arbeitsverfahren für <u>helleren</u> Hintergrund:

Gebraucht wird eine Positivmaske, die den <u>Hintergrund</u> allein - zart
gedeckt - zeigt, dagegen an den Stellen, wo sich das Objekt befindet,
ganz durchsichtig ist. Man stellt ein Filmpositiv und davon eine
Kopie her. In das Negativ wird der Vordergrund mit Abdeckfarbe ganz
gedeckt eingezeichnet. Eine zarte Kopie hiervon liefert die Positivmaske. Sie wird zusammen mit dem Ursprungsnegativ kopiert oder vergrößert.

Arbeitsverfahren für <u>dunkleren</u> Hintergrund:

Es wird eine Maske gebraucht, die den <u>Vordergrund</u> ganz abdeckt. Das
Papierbild entsteht durch zwei aufeinanderfolgende Belichtungen,
einer relativ langen mit der Maske, wobei der Hintergrund dunkler
wird, als es der Abstufung im Negativ entspricht, und einer zweiten
Belichtung ohne Maske. Man stellt ein relativ kurz belichtetes Filmpositiv her und deckt darin den Vordergrund ab. Eine lang belichtete
Kopie hiervon zeigt den Hintergrund ganz dunkel. Gegebenenfalls wird
er noch mit Retuschefarbe abgedeckt. Das Positiv dieser letzten Kopie
ist die gewünschte Maske.

Wenn der Hintergrund, der optisch zurückgedrängt werden soll, teils
heller, teils aber auch dunkler als der Vordergrund ist, so kann es
sinnvoll sein, den Kontrast im Hintergrund <u>soweit zu vermindern</u>, daß
er nur noch aus hell- und dunkelgrauen Tönen, nicht aus schwarzen
und weißen Teilen, besteht. Hierfür stellt man eine zart abgestufte
Vergrößerung auf Halbtonfilm her. Davon werden zwei Kopien (Negative)

gefertigt. In einem Negativ wird das darzustellende Objekt abgedeckt.
Der Vordergrund ist also dunkel, der Hintergrund normal abgestuft.
Eine Kopie hiervon (ein Positiv) zeigt umgekehrt den Vordergrund
ganz ungedeckt. Diese letzte Kopie wird gemeinsam mit dem unverän-
derten Negativ aus dem zweiten Arbeitsgang kopiert. Je nach der gegenseitigen Schwärzung dieser beiden Filme, die weitgehend willkürlich gewählt werden kann, vermindert sich der Hintergrundkontrast
(Bild 4-6). Im Grenzfall ergänzen sich die Schwärzungen für den Hintergrund genau zu einem einheitlichen Grauton. Im Prinzip wäre es auf

Bild 4-6: Kontrastverminderung im Hintergrund, vgl. auch Bild 3-6 (Seite 50)

diese Weise sogar möglich (wenn auch wenig sinnvoll), den Hintergrund
negativ erscheinen zu lassen.

Im weiteren Sinne kann man zu Retuschen auch Verfahren rechnen, die
mehrere Ausgangsnegative miteinander kombinieren. In Bild 3-2 (Seite
44, Teilbild rechts unten) war schon ein Beispiel gezeigt worden. Negative, die dunkle, nur teilweise beleuchtete Objekte zeigen, kann
man unmittelbar übereinanderlegen und so kopieren oder vergrößern.
Auch mit Kleinbildnegativen - wie im genannten Bild - ist das möglich.
In anderen Fällen hat man in einem Bild die zu stark gedeckten Teile
zurückzuhalten. Bild 4-7 zeigt eine unbearbeitete Architekturaufnahme.
Der Kontrast liegt auch in den bildwichtigen Teilen über 1 : 10 000;

Bild 4-7: Unbearbeitete Nachtaufnahme und zwei verschieden belichtete, identische Aufnahmen

die Abstufung <u>kann</u> nicht befriedigend ausfallen. Ein Nachbelichten und Abwedeln, vgl. anschließend, würde das nicht erheblich ändern. Von dem Motiv wurden mit Belichtungszeiten, die sich wie 1 : 20 verhielten, sonst identische Aufnahmen hergestellt. Das eine Teilbild gibt die hellen Teile, das andere die dunklen befriedigend wieder. Im zweiten sind die hellen Teile aber vielfach überbelichtet, also im Negativ zu dunkel, in einem vergrößerten Filmpositiv zu hell. Diese Teile sind im Positiv abgedeckt worden. Die Übergänge wurden so belichtet, daß sie nicht schnittscharf zu erkennen sind. Von den beiden Filmpositiven wurden Negative hergestellt, die übereinandergelegt das Papierpositiv von Bild 4-8 ergaben. Die Schwärzungen ergänzen sich nunmehr immer gerade dort, wo das andere Negativ ganz durchsichtig

64

Bild 4-8: Kombination zweier Negative nach Bild 4-7

ist. Die Teilschwärzungen lassen sich willkürlich wählen. Mit Rücksicht auf den Bildcharakter ist der Turm absichtlich dunkler gehalten.

Es wird sich nachfolgend noch zeigen, daß diese fotografischen Retuschen Sonderfälle der Tontrennungsverfahren sind. Sie lassen sich oft mit anderen Maßnahmen zur Tontrennung, auch den gegenläufig wirkenden, verbinden. Vielfach ist dazu der Material- und Zeitaufwand insgesamt kleiner als die Summe des Aufwandes für die Teile, da für die Hintergrundänderung wie für andere Tontrennungen zum Teil dieselben Tonauszüge zu verwenden sind.

4.3 Korrekturen beim Vergrößern

Zu den einfachen fotografischen Korrekturen gehören das Entzerren,
auf das schon in Abschnitt 3.2 kurz eingegangen worden ist, das Abschatten (Zurückhalten) und das Nachbelichten.

Das Entzerren, also das Vergrößern derart, daß der Film und das Papier nicht in parallelen Ebenen liegen, hat den Zweck, geometrische
Verzerrungen, die bei der Aufnahme nicht zu vermeiden waren, weitgehend auszugleichen. Unter Umständen kann man auch unerwünschte Pro-
portionen oder Größenverhältnisse etwas korrigieren. Wenn die Papier-
kassette schräg im Strahlengang steht, so hat man natürlich das Objektiv stark abzublenden, um eine gleichmäßige Schärfe zu erzielen.
Unter Umständen wird man auch Bildteile zurückhalten oder nachbelichten müssen, weil die verschiedenen Teile des lichtempfindlichen Papieres jetzt unterschiedlich weit von der Lichtquelle entfernt sind
und somit nicht gleichmäßig beleuchtet werden.

Das Abschatten und das Nachbelichten von Bildteilen hat den Zweck,
den Kontrast im Positiv zu beeinflussen. (Es handelt sich gewissermaßen um Tontrennungsverfahren für einfach geformte Objekte, vgl. anschließend.) Durch unterschiedliche Belichtungszeiten für verschiedene Teile des Bildes soll erreicht werden, daß in den Lichtern des
Positivs, den hellen Stellen, noch Zeichnung enthalten ist (Nachbelichten) und die Schatten, die dunklen Bildstellen, nicht vollständig schwarz erscheinen (Abschatten). Mit etwas Übung kann man schon
mit den Händen im Strahlengang die meisten Stellen abdecken oder
freigeben. Soweit nötig, lassen sich auch Formen aus Karton ausschneiden und - z. B. an Drähten - in den Lichtkegel bringen. Wesentlich ist, die Masken während der Belichtung zu bewegen, damit sich
deren Umrisse nicht scharf abbilden, und sie nicht zu dicht über die
Schicht zu halten. Manchmal kann es auch sinnvoll sein, das Fotopapier nicht mit der Negativvorlage, sondern neutral - etwa mit einem
sog. Lichtpinsel, einer Taschenlampe mit lichtbegrenzendem Tubus -
nachzubelichten und dadurch Bildteile dunkler (und kontrastärmer) werden zu lassen.

Wenn geometrisch regulär begrenzte Bildteile (Rechtecke usw.) zu hell
oder zu dunkel erscheinen, ist es meist einfacher, sie aus einem
anderen Bilde einzukleben, wie es Bild 4-5 gezeigt hat.

4.4 Tontrennungsverfahren

Durch unterschiedliche Methoden, die man als Tontrennungsverfahren
/22/ zusammenfaßt, versucht man oft, den früher genannten stufenwei-
sen Kontrastverlust vom Aufnahmeobjekt bis zum fertigen Papier- oder
Druckbild zu verringern. Der Zweck solcher Verfahren ist es also, den
geringen Unterschied zwischen den ganz hellen und den dunklen Stellen,
den das endgültige Bild zeigt, den Helligkeiten der Vorlage (oder den
Negativschwärzungen) so zuzuordnen, daß die erwünschte Wirkung entsteht. Die zweckmäßige Wahl der Papiergradation allein kann ein solches Ergebnis vielfach nicht gewährleisten. Diese besonderen Verfahren sind immer dann nötig, wenn der Kontrast im Objekt für eine Posi-
tivwiedergabe zu groß ist und es für den Zweck der Darstellung nicht
hingenommen werden kann, daß Einzelheiten in den ganz hellen Teilen,
den Lichtern, oder in den dunklen Stellen des Positivs, den Schatten,
verschwinden. Typische Beispiele sind dunkle Räume, in denen sehr
helle - und wenig beeinflußbare - leuchtende oder strahlende Vorgänge
stattfinden, soweit helle und dunkle Teile gleichermaßen differenziert
dargestellt werden müssen, oder Nachtaufnahmen mit Lichtquellen im
Bildfeld.

Die erste Aufgabe zur befriedigenden Abbildung solcher Objekte besteht
darin, den hohen Kontrast als Negativschwärzung zu erfassen. Was nicht
im Negativ unterschiedlich geschwärzt ist, kann selbstverständlich
auch nicht durch irgendeine nachträgliche Bearbeitung gestuft wiedergegeben werden. Man erzeugt entweder ein sehr weiches Negativ (auf
hochempfindlichem Film) oder, bei unbewegten Objekten, mehrere Negative, die gleichartig (mit demselben Bildausschnitt usw.), jedoch mit sehr
verschiedenen Belichtungszeiten, angefertigt werden und somit die unterschiedliche Helligkeitsstufen der Vorlage getreu abbilden.

Prüfen wir zunächst, was durch Tontrennungsverfahren, die kontrastreiche Darstellungen verbessern sollen und mit gegebenen, relativ un-

vollkommenen Positivschichten auskommen müssen, zu erreichen ist. Die Gradationskurve des Negativs (a in Bild 4-9) ist möglichst so auszuwerten, daß derjenige Teil, der als wesentlich angesehen wird, getreu im Papierbild erscheint. Das können z. B. die Mitteltöne und hellen Töne oder der Teil der mittleren und der dunklen Bildtöne - also ein zusammenhängender, zu großer Abschnitt der Negativ- Gradationskurve - sein. Der schwierigste (und zugleich häufigste) Fall ist, daß Zeichnung sowohl in den dunklen als auch in den hellen Bildteilen enthalten sein soll. Durch normales Vergrößern ließen sich, je nach der Belichtungszeit, nur Teile der Negativabstufung wiedergeben (im Bild 4-9 b_1 und b_2). Wie früher erwähnt, ist es auch nicht möglich, eine so kontrastarme Gradationsstufe des Papierbildes zu verwenden, wie es an sich aus diesen Gründen sinnvoll wäre: Das Bild würde kraftlos und unnatürlich wirken.

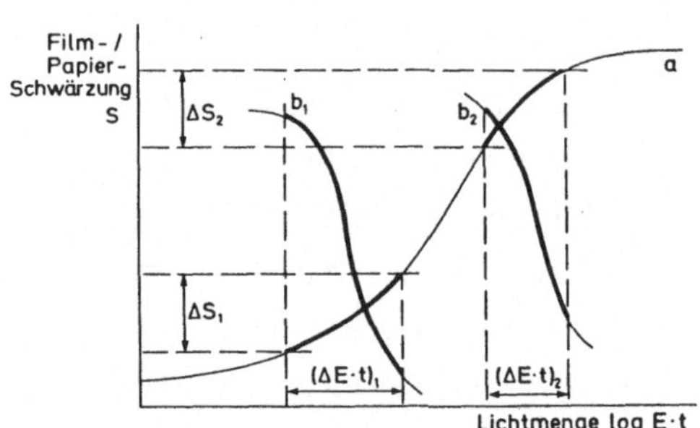

Bild 4-9: Gradationskurven eines Negativs (a) und zweier Positive (b)

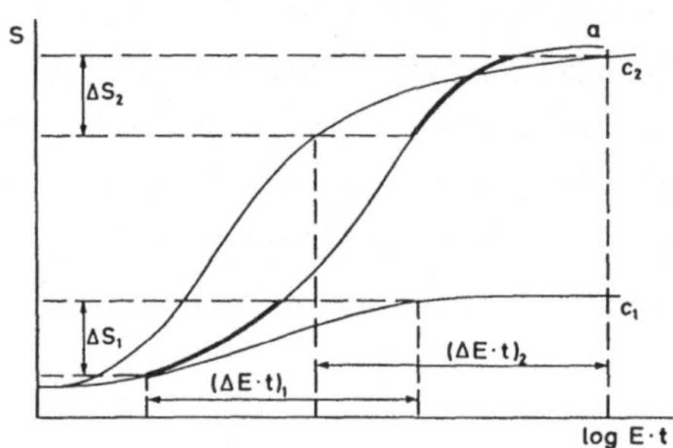

Bild 4-10: Wiederzugebender Helligkeitsbereich nach Tontrennung

Die zuerst genannten einfacheren Aufgaben lassen sich erfüllen, indem man die wirksame Gradationskurve des gegebenen Negativs nach Bild 4-10 (Kurven c_1 und c_2) verändert. Der Schwärzungsumfang wird auf eine Weise, die anschließend besprochen wird, soweit verringert, daß er im Papierbild abgestuft darzustellen ist. Die Grautöne in den hellen oder dunklen Teilen werden also absichtlich weggelassen; ein größerer Teil des im Negativ enthaltenen Kontrastumfanges des Objektes ($\Delta E \cdot t$) läßt sich im Pa-

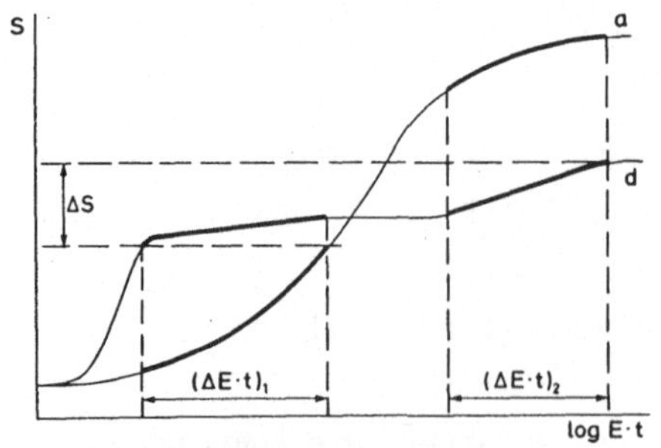

Bild 4-11: Tontrennung zur abgestuften Wiedergabe sowohl heller als auch dunkler Bildteile

68

pierbild wiedergeben. Die schwierigere Aufgabe, Negative mit zu großen Schwärzungsunterschieden so auszuwerten, daß sowohl in hellen als
auch in dunklen Teilen des Papierbildes ausreichende Schwärzung enthalten ist, läßt sich lösen, indem man die mittelhellen Teile auf der
Gradationskurve zusammendrängt (Kurve d in Bild 4-11). Die Schwärzungsverteilung des Negativs wird so in sich verzerrt, gewissermaßen
aus zwei Teilen zusammengesetzt. Das kann nur sinnvoll sein, wenn die
wesentliche Bildinformation nicht in den Feinheiten der Mitteltöne
liegt. Dies trifft aber oft zu, so daß die nunmehr nicht ganz getreue
Wiedergabe weder zu Aussagefehlern führt noch erheblich stört. Wunder
darf man von den einfachen Tontrennungen nicht erwarten. Sie eignen
sich vor allem dann, wenn die Unterschiede nicht zu stark sind.

Das Zusammendrängen der Negativ- Gradationskurve ist der häufigste
Anwendungsfall für Tontrennungen. Prinzipiell ist es auch möglich,
zu geringe Schwärzungsunterschiede im Negativ, die selbst durch die
Verwendung sehr kontrastreich arbeitenden Papieres nicht ausreichend
getrennt werden können, durch Tonauszüge auseinanderzuziehen, also
den entgegengesetzten Zweck zu verfolgen.

Die Veränderung der wirksamen Gradation des Negativs ist auf unterschiedliche Weise möglich. Wir erwähnen nachstehend nur Methoden,
die das Ursprungsnegativ unverändert lassen. Darüber hinaus werden
in der Literatur viele, oft nicht gut reproduzierbare Verfahren angeführt wie eine Zweibadentwicklung oder kombinierte Abschwächungen
und Neuentwicklung /23/.

Das befriedigende Wiedergeben eines zusammengehörigen Teiles der
Gradationskurve ist folgendermaßen zu erreichen:

- Man vergrößert das Ursprungsnegativ (bzw. kopiert eine Vergrößerung
  hiervon) zusammen mit einem Positiv, das nur die dunklen Teile der
  Vorlage geringfügig gedeckt zeigt. Man stellt dieses Positiv mit
  relativ zu kurzer Belichtungszeit her. Beide Filme werden zur
  Deckung gebracht, also die Schwärzungen summiert. Die Kombination
  ist in Teilen der Gradationskurve weicher als zuvor (die Unterschiede der Schwärzungen sind also geringer), was sich dahingehend

auswirkt, daß der Belichtungsumfang, bezogen auf die Lichtmenge
E·t, der abgestuft wiedergegeben werden kann, größer als ohne
diese Veränderung ist.

- Man vergrößert das Ursprungsnegativ durch ein Lichternegativ, das
  aus einem Filmpositiv hergestellt worden ist. Die Wirkung ist
  ähnlich wie vorher, nur subtrahieren sich hierbei die Schwärzungen. Teile der resultierenden Gradationskurve sind weniger ge-
  neigt als vorher.

(Man bemerkt, daß die auf S. 62 genannten Verfahren, den Hintergrund
heller oder dunkler zu tönen, ähnlich, aber gegenläufig arbeiten.)
Die Masken sollen nicht gestochen scharf sein, sondern besser etwas
unscharf. Das stört für diesen Zweck nicht und vermeidet Schwierigkeiten, die durch Passerungenauigkeiten an Kanten entstehen könnten.

Um die Aufgabe zu lösen, Zeichnung sowohl in den Lichtern wie den
Schatten auf Kosten der Mitteltöne zu erzielen, stellt man das Papierpositiv durch gemeinsame Kopie (mindestens) zweier Negative her.
Das eine Negativ gibt die dunklen Bildteile, das andere die hellen
Teile befriedigend wieder. Beide müssen allerdings zart sein, so daß
erst ihre Summe ein Negativ ergibt, dessen Abstufung vollständig von
der gewählten Papiergradation wiedergegeben werden kann. Am vorteilhaftesten ist, wenn die Teilnegative aus zwei Filmen erzeugt werden,
die mit sehr unterschiedlicher Belichtungszeit aufgenommen worden
sind. Sollen beide aus einem (weichen) Negativ hergestellt werden, so
sind die Auszüge unter Umständen noch einmal umzukopieren, um die Tonwerte ausreichend zu trennen. Bei zu großen Schwärzungen deckt man
zweckmäßig, wie auf S. 64 gezeigt, die entsprechenden Teile im andere
Auszug ab.

Wie erwähnt, gehen Tontrennungen stets auf Kosten bestimmter Abstufungen des Bildes. Man kann also nicht erwarten, daß anschließend alle
Bildteile vorteilhafter gestuft sind als zuvor.

Man kopiert kombinierte Negative, wie in 2.3 genannt, unter einer
Glasplatte im gerichteten Licht des Vergrößerungsgerätes. Der Licht-
abfall dieser Geräte zum Rand hin ist oft beträchtlich, was zu unter-

schiedlicher Schwärzung führen müßte. Man wählt daher den Abstand zur
Vorlage möglichst groß, nutzt demnach nur den achsnahen Bereich des
Vergrößerungsgerätes aus. Kopiert wird immer Schicht auf Schicht. Die
Teilauszüge fallen geometrisch nicht absolut gleich aus, was sich
durch Schrumpfen des Filmes beim Trocknen ergibt. Man sollte daher
für die Auszüge nicht zu kleine Formate benutzen und das endgültige
Bild, z. B. das Druckbild, durch Verkleinern gewinnen. Verschiebungen
von einigen zehntel Millimetern, wie sie hierdurch und durch Ungenau-
igkeiten bei der Kombination vorkommen, fallen dann nicht auf.

Im Prinzip ist dies auch z. B. mit _drei_ Tonauszügen möglich. Als Ergebnis wird ein Teil der ganz dunklen, der ganz hellen sowie der mittleren Töne befriedigend - wenn auch nicht vorlagengetreu - abgestuft.
Die zarten letzten Negative brauchen untereinander nicht gleichartige
Deckung zu haben. Der Bildcharakter läßt sich daher auch verändern,
d. h. einzelne Schwärzungsstufen können stärker hervorgehoben werden.
Mehr als zwei Auszüge werden dann notwendig sein, wenn der Kontrast
des Objektes groß ist und trotzdem Schwärzungsstufen im Bild nicht
wahrnehmbar werden sollen. Soweit unterschiedlich lang belichtete
Ausgangsnegative vorliegen, reicht es meist aus, die in größerem Format hergestellten Filmpositive zart zu kopieren und diese Negative
zu kombinieren. Der Aufwand hält sich also in engen Grenzen. Nur wenn
ein (u. U. nicht hinreichend weiches) Negativ zugrundeliegt, sind
weitere Kopien nötig, um die Unterschiede deutlich herauszuheben.

Ein besonderer Fall der Tontrennung liegt vor, wenn die Auszüge nach
dem vorhergehenden Verfahren _absichtlich hart_ hergestellt werden, gegebenenfalls über mehrere weitere kontrastreiche Positiv- und Negativ-
stufen, womit die Ergebnisse des wiederholten Umkopierens nur noch
gedeckte und ganz ungedeckte Bildteile enthalten. Das kombinierte Negativ aber wird aus _zarten_ Kopien dieser extrem harten Auszüge zusammengesetzt, damit sich die Schwärzungen ungestört addieren können. So
erhält man Halbtonbilder aus diskreten Schwärzungsstufen, mit zwei
Filmen aus drei Tönen, z. B. weiß, mittelgrau und schwarz zusammenge-
gesetzt. Man nennt sie _Isohelien_. Das Arbeitsverfahren ist im folgenden Teil 4.5 genauer dargestellt. Da man die Schwärzungshöhe den Teilen der ursprünglichen Gradationskurve beliebig zuordnen kann, lassen
sich in dieser Weise bestimmte Graustufen der Vorlage stärker hervor-

heben, als das der Abstufung des Objekts entspricht. Man kann auch
(durch <u>vollständiges</u> Abdecken in den Stufen, also nicht durch die ungleich schwierigere Halbtonretusche) Unterschiede verringern oder ganz
beseitigen. Die Höhe der Schwärzungen der Stufen im Papierbild ist unabhängig von der Schwärzung des Negativs selbst. Infolgedessen läßt
sich der Bildcharakter wesentlich ändern.

Zwischen mehrstufigen Tontrennungen und Isohelien besteht eine enge
Beziehung. Der Unterschied ist, daß man bei Isohelien absichtlich
alle Zwischentöne in den Teilbildern unterdrückt, während sie in Tontrennungen erwünscht sind, damit nicht nur bestimmte Schwärzungsstufen, sondern dazu weitere Halbtöne dargestellt werden und sich das
bearbeitete Bild im Tonreichtum nur wenig vom Ausgangsbild unterscheidet, keinen ausgeprägt grafischen Charakter hat. Die Tonauszüge für
die Tontrennung werden demnach möglichst weich, die für Isohelien so
hart wie möglich kopiert.

Eine hinreichend große Zahl von hart kopierten Auszügen ergeben unter
Umständen kein vereinfachtes Halbtonbild aus nur wenigen Graustufen,
sondern erscheinen wie ein unbearbeitetes Bild. Das ist gelegentlich
erwünscht. Offenbar gibt es Zusammenhänge zwischen dem Kontrast der
Vorlage, der Härte des erzeugten Negativs und der Zahl der Auszüge,
die herzustellen sind, um nicht einen künstlichen (grafischen) Eindruck hervorzurufen. Vorlagen sind hierzu gut geeignet, in denen ohnehin nur wenige Graustufen - wenn auch so stark unterschiedlich, daß
sie ohne Bearbeitung nicht in einem Papierbild wiederzugeben wären -
erscheinen. Umgekehrt ist es kaum rationell möglich, Vorlagen zu bearbeiten, deren Bildinhalt durch ganz allmählich ineinander übergehende feine Heligkeitsstufen gekennzeichnet ist. Eine Isohelie auch mit
vielen Auszügen müßte immer auffällige Schwärzungsstufen in den Halbtönen ergeben. Wenn die Stufen hingegen mit den Konturen zusammenfal-
len, so tritt diese Bearbeitung wenig hervor, das Bild wirkt wie ein
normales Foto. Kleine Kratzer oder Ungleichmäßigkeiten der Schwärzung
deckt man in allen Positivauszügen (bzw. für zu dunkle Stellen in den
Negativen) ab; der betreffende Halbton ergibt sich durch die Addition
der Teilschwärzungen. Die Konturen der Objekte kann man als Anhalts-
punkt für größere flächenhafte Korrekturen benutzen. Das Abdecken im
Positiv oder Negativ ist viel einfacher als das umgekehrte Verfahren,

Teile der Schicht durch Schaben zu entfernen. In den meisten Fällen
müssen Handeingriffe in allen Teilauszügen gleichförmig angebracht
werden. Für manche Zwecke lassen sich Änderungen aber auch nur in
einem Tonauszug ausführen, z. B. Konturen nachziehen. Das ergibt im
endgültigen Papierbild Linien in einem helleren oder dunkleren Ton,
als sie sonst ausfallen würden, also keine ganz hellen oder dunklen
Konturen, die unnatürlich wirken müßten. Indem man _in einem_ der Auszüge den Hintergrund abdeckt, nimmt er statt weiß oder schwarz einen
hell- oder dunkelgrauen Ton an. Man erzielt also einheitliche Halbtöne, indem man (z. B. mit Neucoccin) einen Film ganz abdeckt.

Tontrennungseffekte lassen sich übrigens bei allen denjenigen Verfahren zusätzlich erzielen, die aus anderen Gründen mit Teilfilmen arbeiten (vgl. in 3.4 sowie in 4.6 ff.). Ohne weiteren Aufwand kann der
Schwärzungsinhalt des Negativs vollständiger dargestellt werden. Ein
besonderes Verfahren der Tontrennung mit Mehrgradientenpapier, das
nacheinander mit unterschiedlicher Farbfilterung belichtet wird, ist
in /4/ erwähnt.

Bild 4-12 zeigt eine Aufnahme, die in dieser Form, nur wenig bearbeitet, veröffentlicht worden ist. Das Objekt besteht fast nur aus tief-
schwarzen und stark reflektierenden Teilen und läßt sich auch kaum
wesentlich präparieren, so daß eine einfache Aufnahme im Papierbild
zwangsläufig unbefriedigend sein _muß_, das heißt starke Verluste in
den hellen und den dunklen Teilen aufweist. Es ist nicht möglich, die
im (allerdings nicht besonders weichen) Negativ enthaltenen Schwärzungsunterschiede auch im Papierbild wiederzugeben. Dazu treten andere Mängel auf: Die Art der Beleuchtung hat eine Reihe unmotivierter
Schatten ergeben. Zum Teil erscheinen die metallisch reflektierenden
Teile (die Kondensatoren links) tiefschwarz, und Bildteile, die im
Original zweifellos einen einheitlichen Ton aufgewiesen haben, werden
sehr unterschiedlich wiedergegeben. Bild 4-13 stellt ein in den Halbtönen bearbeitetes Bild (nach dem gleichen, an sich nicht ausreichend
weichem Negativ) dar. Wie gesagt, sind in den Tonauszügen Teile nur
ganz abgedeckt oder freigelassen worden. Man erkennt die deutlichere
Zeichnung in hellen und dunklen Tönen, die erhöhten Kontraste der Teile und das Zurückdrängen unbegründeter Schatten. Beim Vergleich bei-

der Bilder mag es scheinen, als wäre dem Ausgangsbild deshalb der Vor-
zug zu geben, weil es klarer, härter, vielleicht aggressiver wirkt.

Bild 4-12: Ausgangsbild zu 4-13; relativ zu harte Vergrößerung

Bild 4-13: Tontrennung aus vier Teilauszügen

Für manche Werbezwecke kann das auch zutreffen. Zur Wiedergabe der
Feinheiten in den Lichtern und den Schatten ist gewiß das bearbeitete
Bild vorzuziehen.

Eine besonders schwierige Aufgabe ist es, <u>Röntgenaufnahmen</u> als Papierbilder oder im Druck wiederzugeben, sofern zwischen den bildwichtigen Teilen ein hoher Kontrast besteht. Röntgenfilme arbeiten einesteils relativ weich, also fein abgestuft, erreichen andererseits aber in den gedeckten Teilen eine Schwärzung über S = 3. Für das Auge sind die Negative eben noch auswertbar, es ist aber ganz ausgeschlossen, diese Abstufung im Positiv wiederzugeben, es sei denn, man wählt eine übertrieben weiche, kraftlose Darstellung, die aus den angeführten technischen Gründen zur Reproduktion nicht geeignet ist. Sie müßte aus nur wenig verschiedenen Grautönen bestehen. Bild 4-14 (linkes Teilbild) zeigt die Reproduktion einer Übersichtsaufnahme nach unklarem Unfallgeschehen. In diesem Negativ sind sowohl die Wiedergabe der (nur schwach vom Grundschleier verschiedenen) Weichteile als auch die Wirbel, deren Abbild Schwärzungen um S = 3 zeigt, bildwichtig. Im rechten Teilbild ist eine Tontrennung aus drei Teilfilmen gezeigt. Die Bildaussage wird wesentlich vollständiger wiedergegeben. Diese Teilfilme sind durch Reproduktion auf Kleinbildfilm mit Zeiten gewonnen worden, die sich wie 1: 5: 20 verhielten. (Selbst eine solche

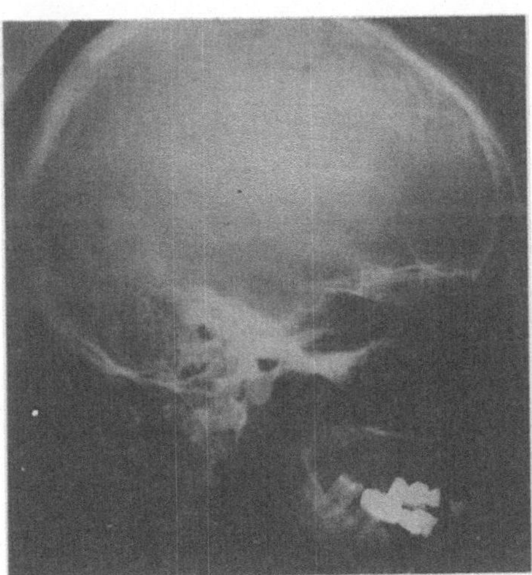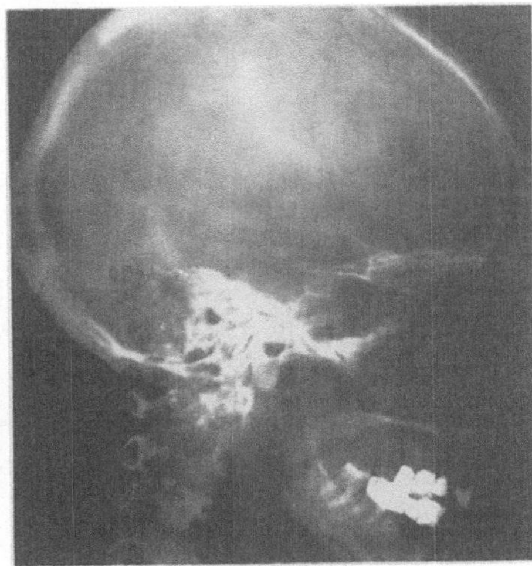

Bild 4-14: unveränderte (links) und durch Tontrennung (rechts) verbesserte Wiedergabe eines Röntgennegatives

Reproduktion ist nicht problemlos. Der Vordergrund muß bei der Aufnahme ganz dunkel sein, sonst werden die Auszüge, die man mit sehr langer Belichtungszeit herstellt, zunehmend kontrastarm. Im nicht vollständig dunklen Raum nimmt man vor allem das von der Vorderseite

des Filmes reflektierte Licht auf, weniger den hindurchtretenden
Anteil.) Trotz der offensichtlichen Verbesserung liegt der Kontrast-
umfang des Druckbildes der Tontrennung und damit der Detailreichtum
noch wesentlich unter dem Original. Hier wurden aus den Kleinbildpo-
sitiven (vom Röntennegativ) gedeckte Negative, im Beispiel mit den
Abmessungen 13 cm x 18 cm, und davon zarte Positivauszüge angefertigt. Das Druckbild entstand nach dem Papierbild, das durch Kopie der
konturgenauen Montage der drei Teilfilme nach Paßmarken, vgl. in 4.5,
hergestellt worden ist. Der gesamte Aufwand hält sich somit in ver-
tretbaren Grenzen. Nebenbei sei erwähnt, daß für diesen Sonderfall,
die Kontrastminderung in Röntgenbildern, auch elektronische Geräte
verfügbar sind. Hier sollte vor allem das Prinzip gezeigt werden.

4.5 Technische Einzelheiten der Isohelie-Herstellung

Bei den eben erwähnten Tontrennungen ist das Verfahren mittels Halb-
tonauszügen, die möglichst kontrastreich kopiert worden sind, erwähnt
worden. Auch im folgenden kommt diese Methode für verschiedene Anwendungen vor. Es erscheint daher zweckmäßig, einige technische Hinweise
auf Einzelheiten, die allen Isohelieverfahren gemeinsam sind, hier
einzufügen.

Es ist nicht derart problemlos wie es scheint, aus Halbtonvorlagen
Auszüge zu erzeugen, die nur aus einheitlich gedeckten und ganz ungedeckten Teilen bestehen. Am einfachsten ist dies noch in den Fällen,
wo schon im Negativ hohe Kontraste vorliegen. Hierbei genügen drei
Umkopiervorgänge: Aus dem kleineren Negativ stellt man vergrößerte Positive her, hiervon Kopien (Negative) und davon wieder Positive. Zur
Erzeugung von Halbton- Isohelien erhält man durch Kopie daraus die
zarten Teilnegative. Bei allmählichen Schwärzungsverläufen besteht
eine Schwierigkeit darin, harte und zugleich stark gedeckte Auszüge
verschiedener Art aus einem Negativ (oder allenfalls zwei Negativen)
zu erhalten. Die ersten Vergrößerungen müssen zum Teil überbelichtet,
daher relativ weich sein, zum Teil auch unterbelichtet, daher unzu-
reichend gedeckt. Es ist vor allem für die ersten Kopiervorgänge sehr
wesentlich, auf maximale Schwärzung und Härte hinzuarbeiten. Die unterschiedlich gedeckten Auszüge sind mit sehr verschiedenen Belichtungs-

zeiten zu kopieren. Stets ist die volle Entwicklungszeit auszunutzen,
d. h. die Entwicklung nicht zu früh zu unterbrechen. Es führt zu keinem brauchbaren Ergebnis, wenn man versucht, nur schwach gedeckte Filme weiter zu kopieren. Diejenigen Auszüge, die nur die Schatten zeigen sollen (die infolgedessen an sich unterbelichtet und daher ungenügend gedeckt sind), kann man verwendbar machen, indem man zwei bis drei solcher gleichartigen, zu schwach geschwärzten Filme genau zur Deckung bringt und gemeinsam weiter kopiert. Hierbei addieren sich die Schwärzungen zum gewünschten Wert, ohne daß sich der Charakter der Auszuges ändert. Dies ist übrigens auch für Bildteile möglich. Man klebt einfach zu wenig geschwärzte Teile, die aus einem zweiten Film ausgeschnitten worden sind, in das Bild ein. Die Schnittlinien und das Bild der Klebestreifen lassen sich in der folgenden Kopie leicht abdecken, falls man darauf achtet, daß sie nicht auf strukturierte Bildteile fallen. Positive, die nur die hellsten Bildteile hell zeigen sollen, kann man gelegentlich durch selektives Abdecken eines nicht hinreichend gedeckten Auszuges von Hand gewinnen.

Beim Kopieren der Teilauszüge ist es unvermeidlich, daß sich feine Staubpartikel als helle Punkte in den dunklen Stellen markieren. Jeden Film wird man unter der Lupe mit Neucoccin abdecken. Bei zu weichen Auszügen (oder zu langen Belichtungszeiten) zeichnen sich manchmal diese Stellen noch in der nächsten Kopie ab, als helle Flecken in schwach gedeckten Teilen. Dann hilft vielfach ein nachträgliches Abschwächen. Das Bad greift zunächst die hellen Stellen an, die Filme werden durch diese Nachbehandlung härter, wie erwähnt wurde.

Technische Aufnahmen enthalten oft Bildteile, die sich für das Isohelieverfahren nur wenig eignen. Das sind z. B. rein weiße oder ganz dunkle Schriften, feine Strichteilungen usw. Sie leiden beim wiederholten Umkopieren, und kleine Deckungsfehler, die unvermeidlich sind, fallen dort besonders auf. Es ist nicht schwierig, solche Teile getrennt zu behandeln und am Ende in die entsprechenden Auszüge einzukleben. Sie entstehen dann nicht durch Überlagerung mehrerer Auszüge, sondern sind nur in einem enthalten. Gegebenenfalls werden ihre Spuren in den anderen Auszügen von Hand abgedeckt.

Wie beschrieben, entstehen aus den letzten, ganz harten Positiven die
zart gedeckten Teilnegative, deren Kombination das Endnegativ ergibt.
Diese Filme müssen in sich einheitlich gedeckt sein. Man entwickelt
die kurz belichteten Filme - auch lithografische Filme sind geeignet -
in weich arbeitendem Entwickler (nicht etwa Reproentwickler) bei stän-
digem Bewegen des Films. Eine Zwischenwässerung, das heißt ein die
Entwicklung abbrechendes saures Bad vor dem Fixieren, ist zwingend
nötig, um eine ungleichmäßige Deckung zu vermeiden. Zu bevorzugen sind
relativ zarte Deckungen dieser Teilfilme, damit beim Kopieren des gemeinsamen Negativs normales oder hart arbeitendes Papier verwendet
werden kann. Der flächenmäßig am wenigsten geschwärzte Auszug, der die
hellen Bildteile allein zeigt, soll relativ stark gedeckt sein. Dort,
wo er geschwärzt ist, soll das Papier ohnehin weiß bleiben. Ebenso ist
es zweckmäßig, den Auszug für die dunkelsten Teile etwas stärker gedeckt zu wählen als die anderen Teilnegative. Wo dieser Auszug unge-
schwärzt ist, soll das Positiv ganz dunkel werden. Eine stärkere oder
geringere (Grund-) Schwärzung beeinflußt nur die Belichtungszeit beim
Herstellen des Positivs.

Um das kombinierte Negativ üblicher Dichte herzustellen, sind mehrere
schwach gedeckte Filme genau zur Deckung zu bringen. Ein großer Teil
der Motive erfordert keine besonderen Marken, um die Filme exakt über-
einanderzulegen. Man ordnet die Auszüge nach gemeinsamen Merkmalen wie
Kanten des Bildes und der Vorlage, auch nach kleinen Unregelmäßigkei-
ten (Kratzer usw.) übereinander an. Ein Leuchtpult und eine Augenlupe
sind bei der Montage nützlich. Man fixiert die Filme in ihrer Lage mit
dünnem Klebeband außerhalb des Bildfeldes. Nur bei Motiven, die wenig

klare Umrisse zeigen, ist es notwendig, vor der getrennten Behandlung der Auszüge Paßmarken anzubringen. Allerdings sind solche
Vorlagen oft nicht besonders gut
geeignet, als Isohelien bearbeitet zu werden. Motive, die viele
allmähliche Schwärzungsverläufe
zeigen, verlieren z. B. beim Umwandeln in Strichzeichnungen einen zu großen Teil des Bildinhal-

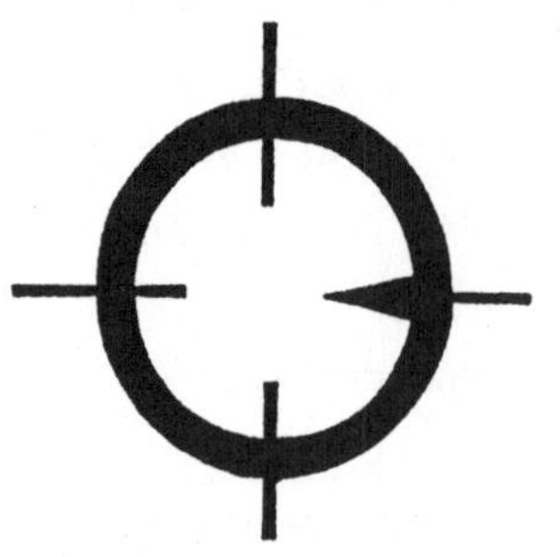

Bild 4-15: Paßmarke

tes bzw. erscheinen als Tonauszüge mit unnatürlich grafischem Eindruck.
Um Paßmarken anzubringen, belichtet man z. B. zwei Figuren nach Art
des Bildes 4-15 gleichartig in die einander diagonal gegenüberliegen-
den Ecken der ersten (Halbton-) Vergrößerungen des Ursprungsnegativs.
Man bringt die Marken meist außerhalb des Bildfeldes an, bei manchen
der Umwandlungen (z. B. der Erzeugung von Strichbildern), wenn nötig,
auch in einheitlich hellen Teilen des Bildfeldes. Dazu vergrößert man
das Ursprungsnegativ zusammen mit einem Film, der auf ungedecktem
(hinreichend großem) Grund zwei solche Figuren zeigt. Im endgültigen
Positiv können diese Marken leicht abgedeckt werden. Sie verändern in
den nachfolgenden, auch unterschiedlichen Kopiervorgängen ihre Gestalt
nur wenig. Am Ende legt man die Filme mit ihren Paßmarken genau übereinander. Dabei erkennt man auch, ob die Kopien verschieden groß sind
(durch Schrumpfen oder Quellen der Filme), was eine genaue Deckung ausschließen würde. Solchen Störungen beugt man vor, indem man dieselben
Materialien in gleicher Orientierung (also nicht einmal als Querbild,
dann aus diesem Film ein Teil längs herausgeschnitten) gleichartig
verarbeitet. Nach aller Erfahrung ist der Unterschied selbst bei Pa-
pier- Zwischenkopien höchstens 1 mm, was nach einer Verkleinerung
nicht mehr auffällt. Außerdem lassen sich mechanische Hilfen (Lochun-
gen usw.) verwenden. Natürlich kann man nur unmattierte Filme gemeinsam - wie angeführt, im gerichteten Licht des Vergrößerungsgerätes -
kopieren. Absolut schnittscharf überdecken sich die Kanten der Auszüge
kaum einmal. Das liegt auch daran, daß unterschiedlich hohe Schwärzungen geometrisch etwas unterschiedliche Kopien ergeben. In Objekten mit
wenig scharfen Körperkanten stört das nicht erheblich. In anderen Fällen hat man ausreichend große Teilbilder zu verwenden. Druckvorlagen
sollen mindestens (linear) auf halbe Größe verkleinert werden, damit
diese Unschärfe nicht stört. Falls das Bild in Originalgröße (z. B. in
Berichten) verwendet werden soll, wird man die in 2.3 genannten, fast
maßhaltigen Materialien bevorzugen. Die Montage muß aber mit großer
Sorgfalt unter einer starken Lupe erfolgen.

4.6 Kombination von Bildteilen

Gelegentlich ergibt sich - auch für wissenschaftlich- technische
Zwecke - die Aufgabe, Teile aus unterschiedlichen Vorlagen in einem

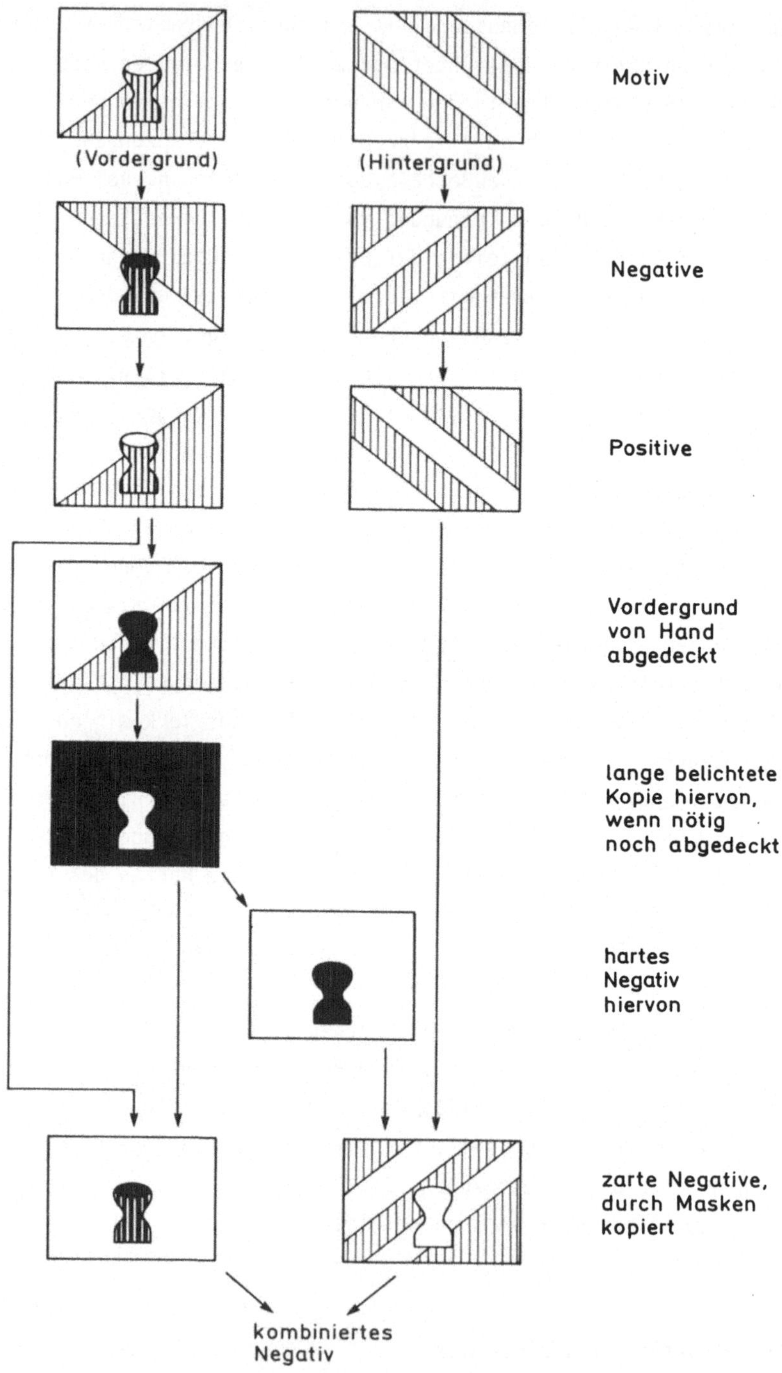

Bild 4-16: Prinzip der Erzeugung eines Bildes mit fremdem Hintergrund

Bilde zu vereinigen. Die Klebemontage (vgl. 4.2) ist nur dann sinnvoll, wenn die Objekte einfache Umrisse haben. Der Vorteil der fotografischen Wiedergabe, daß nämlich die Abbildung feingliedriger Objekte denselben Arbeits- und Kostenaufwand verursacht wie die Darstellung einfach gestalteter Vorlagen, kommt bei der fotografischen Kombination von Bildteilen besonders zur Geltung. Man verwendet jeweils Masken, um die Bildteile, die sich überlappen, abzudecken.

Ein kombiniertes Papierpositiv wird offenbar aus einem Negativ erzeugt, das aus (mindestens) zwei Filmen zusammengesetzt ist. Der eine zeigt den Hintergrund und ist an den Stellen, die der Vordergrund einnimmt, ausgespart. Der zweite Film stellt den Vordergrund allein dar. Um diese beiden Negativfilme zu gewinnen, braucht man eine Positiv- und eine Negativmaske. Von Sonderfällen (wie Bild 3-7) abgesehen, kann man dieses Positiv erhalten, indem man ein normales Filmpositiv von Hand abdeckt. Das Schema in Bild 4-16 zeigt ein Verfahren. Es ist, wie man erkennt, mit einigem Aufwand verbunden, doch unter Umständen wäre der Aufwand, um ein Bild mit dem gewünschten Hintergrund aufzunehmen, noch ungleich höher. Die beiden zarten Teilnegative aus der Prinzipzeichnung 4-16 werden deckungsgleich übereinandergelegt und liefern das endgültige Positiv.

Es liegt auf der Hand, daß nicht jedes beliebige Bild mit jedem Hintergrund zu kombinieren ist. Um unnatürliche Wirkungen zu vermeiden, müssen Beleuchtung (Richtung, Charakter wie gestreut oder gerichtet), die Tiefenstaffelung und die Perspektive aufeinander abgestimmt sein. Typische Anwendungen in unserem Zusammenhang sind die Darstellung eines Modelles oder Fertigungsmusters vor dem (späteren) Hintergrund, z. B. also eines Bootes, das als Modell oder in der Halle aufgenommen worden ist, scheinbar auf einem Gewässer schwimmend.

4.7 Schwärzungsauswertung

In der wissenschaftlichen Fotografie, z. B. der quantitativen Auswertung von Fotos (Mikroaufnahmen, astronomischen Aufnahmen, Spuren von Kernpartikeln usw.) wie auch für manche Demonstrationen und Messungen ist es wünschenswert, Linien gleicher Schwärzung (Äquidensi-

ten) in Halbtonaufnahmen einzutragen oder aus ihnen zu gewinnen. Sie
sollen sowohl wegen des Zeitaufwandes als auch der Gestalttreue nicht
- wie früher üblich - durch punktweise Schwärzungsmessung des Filmes,
das Interpolieren und manuelles Eintragen der Linien gewonnen werden,
sondern fotomechanisch, ohne Handarbeit. Wie gezeigt worden ist /23/,
lassen sich dadurch Informationen, die in der Verteilung der Negativschwärzung enthalten ist, vollständiger auswerten. Für Längen- oder
Flächenbestimmungen ist es offensichtlich günstiger, zwischen Grenzlinien zu messen als in allmählich abfallenden Schwärzungen, die das
Auge nur schwer eindeutig beurteilen kann. Soweit man eine Reihe von
Bedingungen einhält, darunter gleiche, fehlerlose Abbildung für alle
Teile des Bildes, konstante Filmempfindlichkeit und -entwicklung sowie gleichartige Behandlung von Auszügen, kann man aus der Schwärzungsverteilung auf die Intensität im Aufnahmeobjekt (z. B. Leucht-
dichte /24/, Temperatur, Reflexions- oder Absorptionsgrad, Farbabstu-
fung usw.) schließen, zumindest in dem Sinne, daß zu gleichen Schwärzungen dieselben physikalischen Intensitäten gehören. Anstatt ineinander übergehende Schwärzungen abzuschätzen, hat man scharf begrenzte
Schwärzungsstufen zu beurteilen.

Wenn es sich darum handelt, die Form klarer wiederzugeben, genügt es,
ein bis drei solcher Linien gleicher Schwärzung darzustellen. Für
quantitative Messungen hat man vor der Aufnahme im Bild ein Normal
anzubringen, das an markierten Punkten bekannte Werte des betreffenden physikalischen Vorganges, also bekannte Leuchtdichten, Temperaturen usw. aufweist. Das ist aus zwei Gründen notwendig. Einesteils
wird, wie beschrieben, die Filmschwärzung nicht allein von der Intensität des Aufnahmeobjektes bestimmt, sondern auch von der Art der
Belichtung und Entwicklung. Andererseits kann man die Lage der Grenz-.
linien, deren Erzeugung nachfolgend besprochen wird, nicht ganz eindeutig im voraus festlegen. Man bearbeitet das Bild des Objektes und
des Normales gleichartig, so daß in beiden diese Äquidensiten in
derselben Weise entstehen. Im Normal kann man durch Interpolation
zwischen den auf andere Weise gemessenen, optisch gekennzeichneten
Punkten den zugehörigen Zahlenwert entnehmen, der zur Äquidensite gehört. Eine mögliche Vorgehensweise ist in /24/ gezeigt.

Wenn man aus den Halbtonaufnahmen Strichbilder erzeugen will, so sind
die Verfahren zweckmäßig, die an zweiter Stelle besprochen werden.
Oft möchte man aber die Gestalt des Halbtonbildes wenigstens ungefähr
erhalten. Dann stellt man, ähnlich wie in 4.4, Isohelien her oder man
kombiniert nachträglich das Strichbild mit dem Ursprungsnegativ. Die
Begrenzungen der einzelnen Schwärzungsstufen in Isohelien sind Äquidensiten. Der zusätzliche Vorteil ist hierbei, daß man die verschiedenen, auch voneinander getrennten Äquidensiten leicht identifizieren
kann, während das bei gleichartigen Linienmustern schwieriger ist.

Bild 4-17: Leuchtdichteverteilung auf nasser Straße (Isohelie aus vier Auszügen)

Wohlgemerkt ist die Information in der Gestalt der Schwärzungsstufen,
nicht in der Höhe der Schwärzung, enthalten.

In der Literatur werden verschiedene Verfahren angegeben, um Äquiden-
sitenlinien zu erzeugen /25/. Oft handelt es sich um eine Kombination
eines Positives und eines andersartigen Negatives. Das Schema hierzu
zeigen Bild 4-18 und 4-19. Bringt man mit dem (weichen) Ursprungsnegativ (Bild 4-18) oder mit einem Tonauszug (Bild 4-19) ein hartes
Positiv konturengenau zur Deckung, so addieren sich die Schwärzungen
nicht zu einem konstanten Wert. Vielmehr entstehen bei den mittleren
Schwärzungen hellere Linien. Während die hellen und die dunklen Teile

fast ganz gedeckt sind, sieht
man dazwischen schwächer geschwärzte Teile. Man erkennt
sowohl, daß dies Linien gleicher Schwärzungen sind, als
auch, daß ihre Lage von der
gegenseitigen Schwärzung der
Filme, ihre Breite von der
Steilheit der beiden Gradationskurven abhängt.

Das unkomplizierteste und gut
steuerbare Verfahren, solche
Äquidensiten nun praktisch zu
erzeugen, ist es, vergrößerte
Positive und Negative herzustellen und sie zur Deckung zu
bringen. Meist benutzt man Aus-

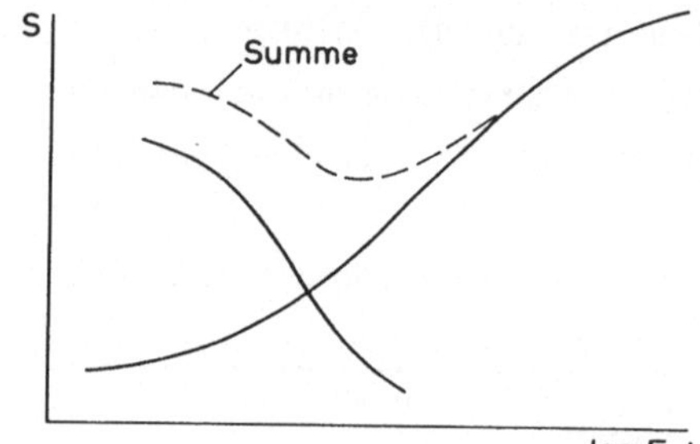

Bild 4-18: Kombination eines weichen Negativs mit einem Positivauszug

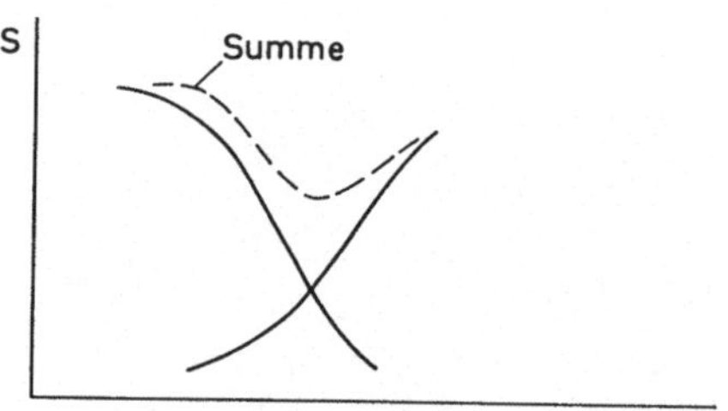

Bild 4-19: Kombination aus hartem Negativ und Positiv

züge, die mit sehr verschiedenen Belichtungszeiten erzeugt worden sind.
Die Positiv- Negativ- Kombination wird auf möglichst hart arbeitendes
Material kopiert und ergibt jeweils ein System einander entsprechender
Äquidensiten. Mehrere solcher Systeme erhält man, indem man dies mit
verschiedenen Auszügen vornimmt und die Kopien zur Deckung bringt.
Die vielfach erwünschten schmalen Grenzlinien ergeben sich, wenn die
Auszüge relativ hart sind, also nach dem vorgeschalteten Umkopieren
der Halbtonvorlage auf fototechnische Filme. Diese Linienbilder lassen sich mit dem zugehörigen Halbtonbild kombinieren, indem man sie
oder, je nach Halbton, ihre Negative zusammen mit einer Vergrößerung
des Ursprungsnegativs kopiert. Von relativ breiten Äquidensiten kann
man wiederum Äquidensiten erzeugen, man erhält jeweils zwei hiervon
(Äquidensiten 2. Ordnung).

Es gibt mehrere Verfahren, die beschriebene Kombination eines Positivs mit einem deckungsgleichen Negativ anderen Charakters direkt in
einem Bilde vorzunehmen. Beide sind dann ohne besonderen Aufwand
deckungsgleich, und der Aufwand ist kleiner. Allerdings ergeben diese
Verfahren unterschiedliche Erschwernisse, z. B. ein nicht exakt repro-
duzierbares Vorgehen. Man hat auch bei weitem nicht in so weiten Gren-

84

zen, wie es das erste Verfahren bietet, Einfluß auf Lage und Breite
der Äquidensite. Sie sind vor allem für einfachere Fälle brauchbar.

Das Verfahren der Pseudosolarisation ist aus der bildmäßigen Fotografie
weitgehend bekannt. Ein hart kopiertes Halbtonbild wird entwickelt und
- nachdem es schon sichtbare Schwärzungen zeigt - diffus nachbelichtet
sowie fertig entwickelt. Nahezu alle Bildteile erscheinen nun geschwärzt, entweder von der ursprünglichen Belichtung oder der Nachbelichtung her. An den Grenzen zwischen den unterschiedlich verursach-
ten Schwärzungen erscheinen helle Grenzlinien. Teils haben die bis zur
Nachbelichtung schon geschwärzten Teile die Nachbarteile vor der Nachbelichtung geschützt, teils spielen auch Nachbarschaftseffekte eine
Rolle. (Vom Beginn der Entwicklung an sollen die Filme ausnahmsweise
im unbewegten Entwickler liegen.) Man kann nicht verschweigen, daß
das Finden (und das Wiederfinden) der zweckmäßigen Intensität von Erst-
und Zweitbelichtung, das Bestimmen des Zeitpunktes der Nachbelichtung
und der Entwicklungsdauer beträchtliche Geduld erfordern.

Für manche Fälle ist es vorteilhaft, einen speziellen Film zu verwen-
den, mit dessen Hilfe Äquidensiten direkt aus dem Halbtonbild herge-
stellt werden können (Agfacontour, /26/). Er besteht aus einer Posi-
tiv- und einer zusätzlichen Negativschicht auf einem Trägermaterial.
Auf welchen Grauton die Äquidensite fällt, legt die Belichtung fest.
Die Breite der Linie läßt sich durch Farbfilter etwas beeinflussen.
Eine Gelbfilterung führt zu schmaleren Grenzlinien. Man erhält im
Äqidensitenfilm eine helle Grenzlinie auf ganz geschwärztem Grund.
Schmale Äquidensiten ergeben sich, wenn zuvor die Vorlage hart umkopiert worden ist. Dieser spezielle Film hat für gelegentliche Anwendungen nicht nur Vorteile. Man braucht einen besonderen Entwickler
(Tetenal) und kann den Film nur für diesen Sonderfall benutzen, nicht
- wie andere fototechnische Filme - auch für weitere Zwecke. Er ist
extrem teuer und nur in Großstädten ohne weiteres erhältlich. Nach
Erfahrungen des Verfassers scheint er auch besonders empfindlich auf
kleine, in der Praxis schwer vermeidbare Verarbeitungsfehler (nicht
hinreichendes Bewegen im Entwickler usw.) zu reagieren. Im nassen Zu-
stand ist der Film mechanisch besonders empfindlich.

4.8 Das Retten beschädigter Halbtonbilder

Es ist manchmal erforderlich, daß technisch mangelhafte oder beschä-
digte Negative unbedingt als Vorlagen benutzt werden müssen, wenn die
Objekte nicht mehr existieren oder es sich um Aufnahmen einmaliger
Vorgänge handelt. Technische Objekte sind gelegentlich nicht nochmals
verfügbar, nachdem der entwickelte Film Mängel zeigt. Solche Fehler
können in mechanischen Schäden wie Kratzern, Aufnahmefehlern, Ent-
wicklungsmängeln und vielen anderen bestehen. Im allgemeinen kann man
nicht erwarten, aus mangelhaften Vorlagen brauchbare Bilder erzeugen
zu können. Es gibt aber einige Sonderfälle, wo das, sofern es die Aufgabe erfordert und lohnt, in gewissen Grenzen doch möglich ist.

Das Verstärken und Abschwächen von Filmen ist schon früher erwähnt
worden. Die Ergebnisse dieser Verfahren, angewandt auf Halbtonfilme,
sind vielfach wenig befriedigend und nur als Notbehelf anzusehen.

Mechanische Beschädigungen verringern sich oft, wenn man die Negative
in Flüssigkeiten wie Glyzerin legt, weil der Brechzahlunterschied zur
Luft, der Kratzer usw. sichtbar macht, damit verkleinert ist. Das be-
schädigte Negativ wird, in der Flüssigkeit liegend, im Durchlicht
reproduziert. Entfernte Schichtteile werden so natürlich nicht wie-
derhergestellt. Oft wird eine aufwendige Handretusche nötig werden.
Sofern nicht allzu viele Mitteltöne bildwichtig sind, gibt es eine
weitere Möglichkeit: Man kann eine Isohelie aus 4 ... 6 Stufen herstellen und jeden der Auszüge für sich bearbeiten. Die Erleichterung
besteht darin, daß man mit Retuschierfarbe fehlende Stellen jeweils
(im Negativ oder Positiv) nur <u>ganz abzudecken</u> braucht. Es ist nicht
nötig, Halbtöne zu erzeugen, da sie durch Addition der Teilschwärzungen von selbst entstehen. Vorlagen, die nur aus einigen Helligkeitsstufen bestehen (oder die einen leicht grafischen Charakter
vertragen), lassen sich so ohne übermäßige Kunstfertigkeit wiederher-
stellen, zumindest soweit, daß nicht auffällige Fehler sichtbar sind.
Inwieweit das Ergebnis einem unbeschädigten Bild gleicht, hängt von
der Art der Handkorrektur ab. Sie ist einfach, wenn die mechanischen
Schäden auf einheitlich geschwärzte, unstrukturierte Bildteile fallen. Bild 4-20 zeigt - als schwierigeren Fall - die Vergrößerung ei-

nes (absichtlich) beschädigten Kleinbildnegativs. Das Bauwerk besteht
nicht mehr, somit kann die Aufnahme nicht wiederholt werden. Viele

Bild 4-20: Vergrößerung eines mechanisch beschädigten Negativs

Bild 4-21: Fünfstufige Isohelie nach dem Negativ von Bild 4-20

Leser werden es wohl für ganz ausgeschlossen halten, hieraus ein auch
nur annähernd verwendbares Positiv zu erzeugen. In Bild 4-21 ist eine
Isohelie aus demselben Negativ dargestellt. Wohlgemerkt standen dem
Bearbeiter keine weiteren Informationen (z. B. eine unbeschädigte Vor-
lage) zur Verfügung. Der gesamte Zeitaufwand lag bei 10 Stunden; die
Auszüge wurden im Format 18 cm x 24 cm angefertigt.

Die Spuren der Beschädigung sind bei genauer Betrachtung aller Details
noch erkennbar; dieses Papierpositiv könnte als Ausgangspunkt einer
künstlerischen Retusche dienen, die die durch die Beschädigung feh-
lenden Bildteile unter Verwendung anderer Informationsquellen wieder-
herstellt. (Hier ist nur durch Abdecken der Beschädigungen interpoliert
worden.) Natürlich sind derartige Verfahren auf Ausnahmefälle be-
schränkt. Nach demselben Verfahren lassen sich sehr weitgehende Bildveränderungen in Halbtonvorlagen ausführen, die kaum auffallen, z. B.

unerwünschte Gegenstände (etwa Fahnen) oder Personen aus Architekturaufnahmen entfernen.

4.9 Nachdruck gerasterter Bilder

In manchen Fällen ist es unvermeidlich, Bilder als Druckvorlagen oder
für andere Zwecke zu benutzen, die bereits als Rasterbilder (Autotypien) gedruckt sind. Das trifft auf historische Fotos zu, deren Negative nicht mehr zugänglich sind, oder auch auf manche neueren Publi-
kationen, zu deren Vorlagen man keinen Zugang hat. Ohne weiteres lassen sich gerasterte Bilder auf keinen Fall nach Rasterdruckverfahren
erneut reproduzieren. Durch Interferenzerscheinungen erhält man vor
allem in Mitteltönen störende Überlagerungsmuster (Moiré). Dazu ist
der Kontrast gering; vielfach treten auch kleine Druckfehler störend
in Erscheinung. (Hingegen ist es bedingt möglich, ungerasterte Tief-
druckbilder als Autotypien wiederzugeben.)

Zunächst lassen sich gerasterte Vorlagen durch Halbton- Nachzeichnen
von Hand (vgl. in 5.2) oder durch Umwandeln in Strichvorlagen (5.3)
erneut reproduzieren. Um sie auch als Halbtonvorlagen fotomechanisch
wiedergeben zu können, ist wiederholt vorgeschlagen worden, die Bilder unscharf oder mit Weichzeichnern (optischen Systemen, die zu der
eigentlichen, scharfen Abbildung noch ein unscharfes Überlagerungs-
bild liefern) zu reproduzieren /16/. Das kann für Bilder befriedigend sein, die mit sehr feinen Rastern gedruckt sind oder in denen
eine geringe Unschärfe (in der Größenordnung des Druckrasters) nicht
stört. In anderen Fällen kann eine mehrstufige Isohelie - wenn auch
mit erheblichem Aufwand - eine bedeutende Verbesserung sowohl der
Druckfähigkeit als auch des Kontrastes und der Abstufung im Bild ergeben. Die Mitteltöne, in denen ein Raster besonders stört, setzen
sich ja bei einer Isohelie aus mehreren, meist ganz einheitlich gedeckten Tönen zusammen. Nur an deren Grenzlinien entstehen durch die
ursprüngliche Rasterung leicht gezackte Begrenzungen. Mit einer Nach-
hilfe von Hand, dem Abdecken von Strukturen in Mitteltönen, oder Zwischenkopien auf Papier, was die Tonwerte wieder zusammenschließt,
können neue Vorlagen entstehen, die besser brauchbar sind. Sehr harte
Kopien führen durch Überstrahlungen zum Verdecken der Rasterstruktur.

Man kann die Filme auch seitenverkehrt kopieren. Für das Verfahren am
vorteilhaftesten ist es, wenn die Vorlagen aus wenigen Tonstufen bestehen. Bei allmählich verlaufenden Grautönen liefert die Isohelie

Bild 4-22: Nachdruck einer Autotypie
(Ausschnitt aus dem Druckbild, das nach der
Vorlage 4-12 entstand)

Bild 4-23: Isohelie nach Bild 4-22

naturgemäß diskrete Graustufen. Dazu läßt sich der Kontrast erhöhen,
wie es in der Natur dieses Verfahrens liegt. Die Ergebnisse können
allerdings an die Originalvorlagen keinesfalls heranreichen. Der Verlust an Informationen, der im Druck zwangsläufig auftritt, läßt sich
nicht beheben, weshalb man eine erneute Wiedergabe eines gedruckten
Bildes immer nur in äußersten Notfällen in Betracht ziehen wird.
(Hingegen ist, wie gesagt, die Wiedergabe einer solchen Vorlage als
Strichbild, auch mit imitierten Halbtönen - vgl. im Abschnitt 5.5 -
gut möglich.) - In neuerer Zeit gibt es auch elektronische Mittel,
mit denen eine weitgehende Entrasterung gedruckter Bilder erzielt
werden kann.

5 Die Umwandlung von Fotos in Zeichnungen

5.1 Zweck und Grenzen

Häufig soll für die hier betrachteten Zwecke ein Halbtonbild nach
einfachen Verfahren vervielfältigt werden. Typische Fälle dieser Art
sind der interne Bericht oder die Diplomarbeit, eine Gebrauchsanwei-
sung, kleinformatige Anzeigen oder Typenblätter, die nach einem
Schnelldruckverfahren preiswert herzustellen sind. In Berichte oder
andere Arbeiten, von denen man nur wenige Exemplare braucht, könnte
man die üblichen Halbtonfotos einkleben. Die so fertiggestellten
Blätter lassen sich nunmehr aber nicht durch Fotokopie vervielfältigen. Auch ist der Aufwand merklich und die Verwechslungsgefahr
groß. In den anderen Fällen kommt die Wiedergabe als Rasterbild
(Autotypie) meist nicht in Betracht, teils aus Preisgründen, teils
auch wegen der Schwierigkeit, befriedigende Autotypien nach einfachen
Druckverfahren oder auf minderem Papier wiederzugeben. Es entsteht
daher häufig aus technischen (also nicht gestalterischen oder künstlerischen) Gründen die Notwendigkeit, aus einem Foto eine Strichvor-
lage herzustellen. Zeichnungen mit Strukturen von einigen zehntel
Millimetern Breite (in der wiedergegebenen Größe) lassen sich nach
den genannten Verfahren ohne weiteres befriedigend vervielfältigen.

Die folgenden Umwandlungen sind prinzipiell seit langem bekannt. Sie
werden für Werbezwecke und in der künstlerischen Fotografie häufig
angewendet. Hier soll vor allem gezeigt werden, daß sie sich auch
als rein technische Hilfsmittel verwenden lassen, und ihre Details
sollen so beschrieben werden, daß sie ohne langwierige Versuche zu
benutzen sind.

Es ist offensichtlich, daß bei einer irgendwie bewirkten Umwandlung
eines Halbtonbildes in eine Zeichnung Bildeinzelheiten verlorengehen
<u>müssen</u>. Die Strichvorlage enthält natürlich weniger Detailinformati-
onen als ein Foto. Eine Gruppe von Vorlagen - nämlich Objekte, die
vor allem durch ihre Form und Struktur gekennzeichnet sind - wird
sich für solche Bildbearbeitungen besser eignen als Vorlagen, deren

bildwichtige Teile durch feine Abstufungen in den Halbtönen gekennzeichnet sind. Die Verringerung des Informationsgehaltes kann sich als Vorteil erweisen, wenn die Wandlung so geschieht, daß hierbei das Wesentliche der Vorlagen zumindest erhalten bleibt, in günstigen Fällen auch stärker hervortritt als im unbehandelten Halbtonbild. Solche Bilder können klarer und damit aussagekräftiger sein. Zugleich sind in diesem Arbeitsgang wesentliche Bildverbesserungen ohne besonderen Aufwand möglich, z. B. ohne Halbtonretusche. Man kann beispielsweise in einfachster Art Bildteile unterschiedlicher Herkunft zusammenfügen oder einen Hintergrund unterdrücken.

Die Wandlung von Halbtonfotos in Strichvorlagen ist prinzipiell auf zwei Arten möglich, hauptsächlich durch Handarbeit oder weitgehend mit fotografischen Techniken. Das erste Verfahren, das typische Arbeitsgebiet von Grafikern, erscheint relativ aufwendig und somit unrationell. (Es wird sich zeigen, daß das zumindest teilweise ein Vorurteil ist.) Handzeichnungen sind für einfache Objekte geeignet, weil der Aufwand mit der Vielfalt der Strukturen im Bild und der Feinheit der wiederzugebenden Abstufungen ansteigt. Der Aufwand der fotomechanischen Verfahren hängt hingegen fast gar nicht vom Bildinhalt ab. Sie lassen sich nicht nur von Fachleuten, sondern auch von wenig Geübten anwenden und ergeben zwangsläufig vorlagengetreue Bilder. Es ist also keineswegs so, daß Strichzeichnungen, an die hohe Anforderungen gestellt werden, zwingend durch langwierige Grafikertätigkeit erzeugt werden müßten. Es soll allerdings auch nicht behauptet werden, daß fotografische Verfahren ganz ohne Übung und Mühe sozusagen von selbst hochwertige Vorlagen liefern. Wie sich zeigen wird, führt die Kombination der reinen Fototechnik, im wesentlichen also Kopieren und Vergrößern, mit Handeingriffen (Abdecken von Bildteilen usw.) oft in rationeller Weise zum Ziele.

5.2 Handzeichnungen

Das naheliegende Verfahren, von einem Halbtonobjekt eine Strichzeichnung zu gewinnen, ist offenbar die Handzeichnung, entweder nach der Vorlage selbst oder, wie es heute üblich ist, nach einem Foto /27/. Die grafischen Techniken hierzu sollen an dieser Stelle nicht im ein-

Bild 5-1: Halbtonfoto

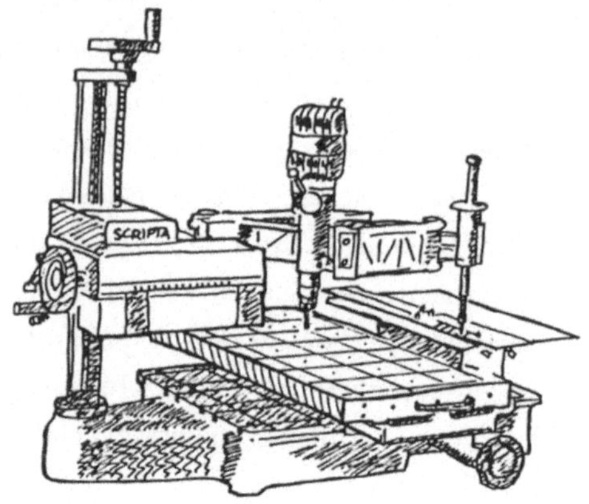

Bild 5-2: Handskizze auf Transparentpapier

Bild 5-3: Zeichnung nach Bild 5-1 (Arbeitszeit 1 h)

zelnen besprochen werden. Unter anderem lassen sich die Bildkonturen
auf Transparentpapier übertragen und dort weiterbearbeiten, z. B.
schraffieren. Große Bildkontraste , die eine einzelne Vergrößerung
nicht wiedergeben kann, kann man erfassen, wenn mehrere deckungsglei-
che Vorlagen verfügbar sind, die mit sehr unterschiedlichen Belichtungszeiten von einem weichen Negativ hergestellt wurden. Weiter kann
man für Handzeichnungen die Konturendarstellung einer kurz belichteten, extraharten Vergrößerung mitverwenden oder die Zeichnung nach
dem (z. B. mit dem Vergrößerungsgerät) projizierten Bild herstellen.
Es versteht sich, daß die Handzeichnung jede Freiheit zur Veränderung
des Bildinhaltes läßt. Inwiefern das Ergebnis in allen Einzelheiten

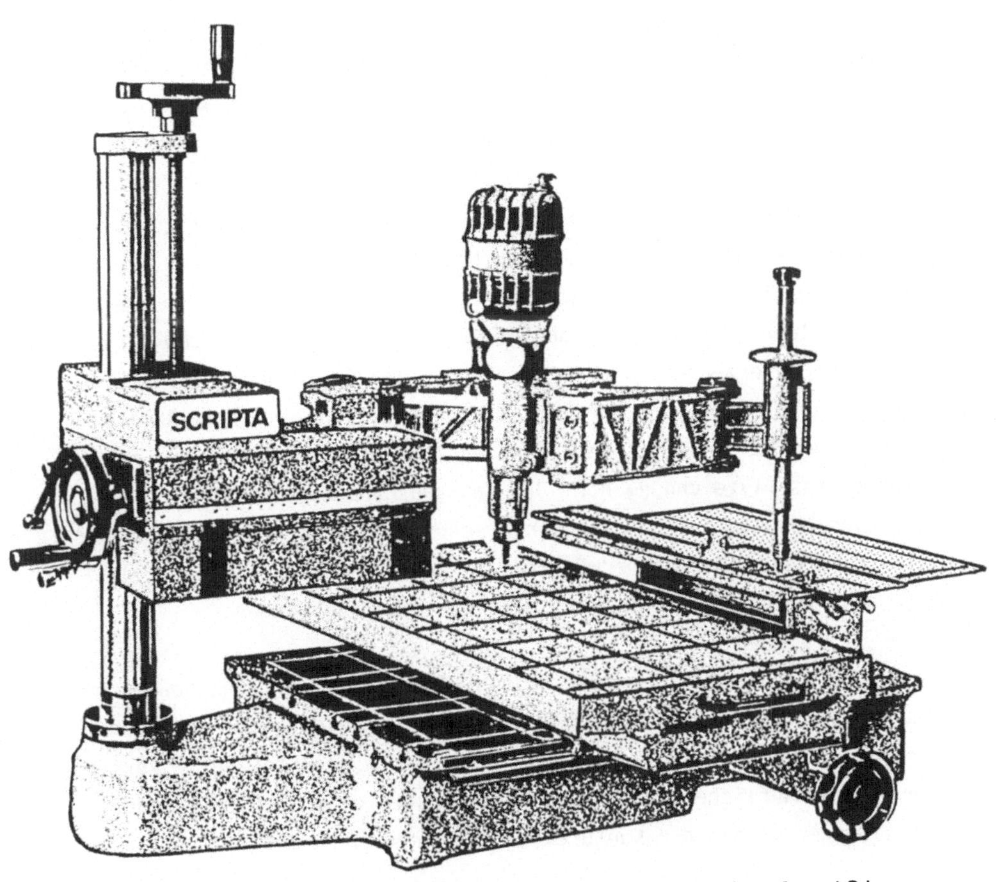

Bild 5-4: Weitere Zeichnung nach Bild 5-1 mit Rasterfolien, Arbeitsaufwand 3 h

vorlagengetreu ist, hängt von der Kunstfertigkeit des Ausführenden
und dem Zeitaufwand für das Umzeichnen ab.

Den Vorschlag, ein Objekt nicht als Foto, sondern als Zeichnung wiederzugeben, hält man vielfach für absurd. Es ist aber keineswegs notwendig, hierfür über Fähigkeiten im gestalterischen Freihandzeichnen
zu verfügen. Nach hinreichend großen Fotos (man vervielfältigt eine
Vergrößerung am preisgünstigsten mit Fotokopiergeräten weiter) ist es
nicht schwierig, Zeichnungen unterschiedlicher Art herzustellen, sei
es eine einfache Skizze oder eine sorgsam ausgearbeitete Wiedergabe
(Bild 5-2 bis 5-4). Im Format A 4 bis A 3 läßt sich gut arbeiten; nach
dem Verkleinern auf das endgültige Format verschwinden kleine Unge-
nauigkeiten. Neben der Freiheit der Ausführung, womit sich Wesentliches leicht hervorheben läßt, hat man den Vorteil, im Hellen und unter günstigen Betrachtungsverhältnissen (anders als beim fotografischen Verfahren) zu arbeiten. Man braucht keine kostspieligen Hilfsmittel und speziellen Materialien, und auch sehr unausgeglichene oder
sonst mangelhafte Aufnahmen, deren Bearbeitung relativ aufwendig wäre,
können als Ausgangsbilder benutzt werden.

Am Rande sei erwähnt, daß man ohne besonderes Zeichentalent auch
Halbtonzeichnungen nach vorhandenen Negativen anfertigen kann, indem
man das Negativ im Dunklen auf eine Fläche projiziert und mit Blei-
stift, Kohle o. ä. versucht, auf der Fläche einen einheitlich dunkelgrauen Ton zu erzeugen. Die im Negativ hellen Teile werden also stärker gefärbt als die dort dunklen (d. h. im Original hellen) Bildteile. Ohne vom Bildinhalt Kenntnis zu nehmen, stellt man so eine exakte
Halbton- Positivzeichnung her. Das kann ausnahmsweise sinnvoll sein,
wenn eine Halbtonvorlage nach einem sehr mangelhaften Negativ angefertigt werden muß. Wenn erwünscht, lassen sich im gleichen Arbeitsgang auch Veränderungen in Form oder Abstufung anbringen.

Reine Umriß- Strichbilder befriedigen oft nicht. Man kann sie durch
Schraffuren oder andere Muster ergänzen, wodurch Halbtöne nachgeahmt
werden. Beispielsweise klebt man in eine harte, relativ helle Vergrößerung die käuflichen, selbstklebenden Rasterfolien auf. Mit einer
Schneidfeder werden die Konturen nachgezogen (Bild 5-4).

In alten Darstellungen wie Pro-
spekten oder Fachbüchern sind oft
Kupfer- oder Stahlstiche mit
Schraffuren wiedergegeben, die
von Hand hergestellt worden sind
(Bild 5-5). Eine derart aufwendige
Technik kommt heute naturgemäß
nicht mehr in Betracht. Auch eine
manuelle Bearbeitung von Strichvorlagen, so daß sie Halbtöne durch
Schraffuren wiedergeben (wie sie
noch heute, ungeachtet aller fotografischen Technik, in Handbüchern
für Grafiker beschrieben werden),
erscheint undiskutabel aufwendig.
Wenn z. B. in /28/, offenbar aner-
kennend, für eine technische Darstellung, die rein manuell punk-
tiert worden ist, ein Arbeitszeit-
aufwand von 35 Stunden genannt wird,
so ist die Geduld des Ausführenden

Bild 5-5: Stich aus einem alten Fachbuch

ebenso zu bewundern wie die Großzügigkeit des Auftraggebers, der diese Arbeitszeit bezahlen muß. Es scheint vielfach unbekannt zu sein,
daß ein Großteil derart anstrengender Routinearbeit mit demselben Ergebnis rationeller durch die angeführten fotografischen Hilfsmittel
- oder eine Kombination von Handeingriff in die Fotovorlage und die
Benutzung der Rasterfolien - ausgeführt werden kann. Der Gedanke, daß
etwa die manuelle Arbeit eines Grafikers wertvoller als eine bloße
fotomechanische Tätigkeit sei, erscheint zumindest für Sachdarstel-
lungen unbegründet.

5.3 Einfache Strich- und Wiedergabeverfahren

Die einfache Wiedergabe von Strichzeichnungen macht im allgemeinen
keine Schwierigkeiten. Immerhin kommt es vor, daß vorliegende Zeichnungen erneut reproduziert werden sollen, die zu klein oder zu unklar
sind. Das Handnach- oder -neuzeichnen in Originalgröße verlangt große

zeichnerische Fähigkeiten. Mit den heute angebotenen Fotokopiergeräten, die auch harte, formgetreue Vergrößerungen und Verkleinerungen erlauben, ist es zweckmäßig, unbefriedigende Vorlagen zunächst durch Fotokopieren auf das Zwei- bis Vierfache zu vergrößern, von Hand zu bearbeiten und wieder zu verkleinern, um einwandfreie Strichvorlagen zu erhalten (Bild 5-6 und 5-7). Auch zur Wiederherstellung beschädigter Vorlagen und zur Änderung vorhandener Zeichnungen können fotogra-

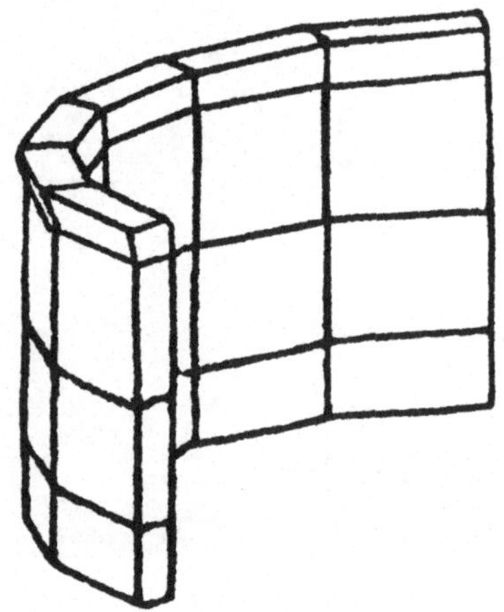

Bild 5-6: Vergrößerte Zeichnung aus einem Katalog, Größe der Vorlage: 14 mm x 16 mm

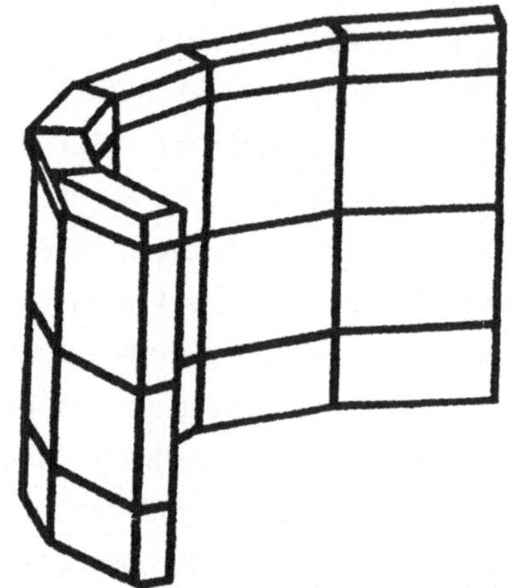

Bild 5-7: Bild 5-6 vergrößert, ergänzt/ berichtigt und wieder verkleinert

fische Mittel rationell mitverwendet werden. Viele Vorlagen lassen sich retten, von denen man das zunächst nicht vermuten würde. Transparentzeichnungen werden auf mattierten Film kopiert und hierauf oder durch Zusammenschneiden verschiedener Teile korrigiert bzw. ergänzt. Die Filme sind in üblicher Weise kopierfähig. Es ist also oft nicht nötig, Originale, die nicht mehr pausfähig sind, neu zu zeichnen.

Manche flachen Gegenstände können als sog. <u>Fotogramme</u> abgebildet werden, indem man (ohne Verwendung einer Kamera) ihre Form durch Projektion auf Fotopapier darstellt. Es ergeben sich dabei, je nach der Härte der benutzten Schicht, reine Schwarz- Weiß- Bilder oder auch Wiedergaben mit Zwischentönen. Der Anwendungsbereich hierfür ist allerdings eingeschränkt. Beispielsweise lassen sich so aus Draht gebogene Gegenstände oder flache Stanzteile gut wiedergeben. Ein Halbtonfoto könnte nicht mehr Einzelheiten zeigen als der projizierte Schatten.

Das einfachste fotomechanische Umwandlungsverfahren eines Halbtonfotos in eine Strichzeichnung führt zu einem <u>Schattenriß</u>, eine hart
kopierte Aufnahme mit weißem Hintergrund. Der Experimentalphysiker
R. W. Pohl hat beispielsweise jahrzehntelang seine Lehrbücher mit
einer Vielzahl solcher Schattenrisse illustriert (Bild 5-8). Allerdings ist das Verfahren nicht universell brauchbar. Offensichtlich
können als Schattenrisse nur die Objekte wiedergegeben werden, deren
Gestalt hinreichend charakteristisch ist. Der Bildinhalt darf nicht
in Halbtönen oder Abstufungen innerhalb größerer Flächen liegen.

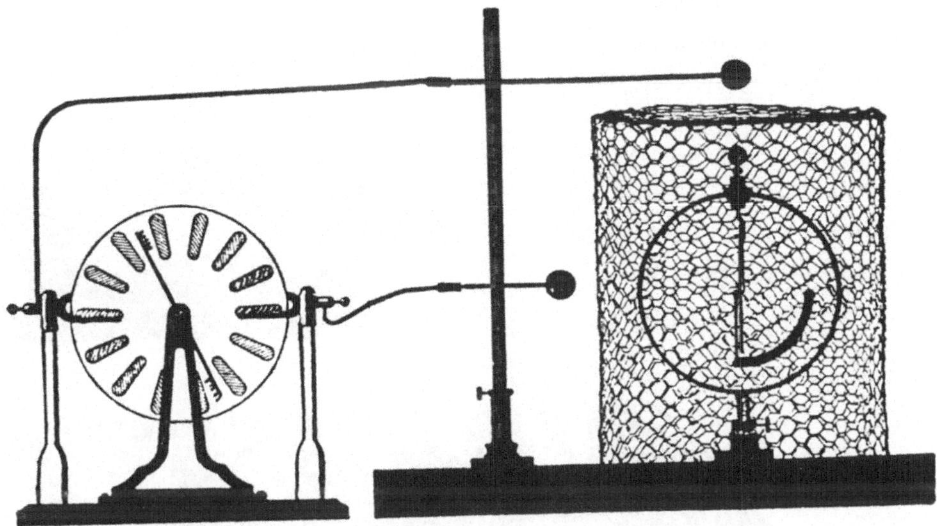

Bild 5-8: Schattenriß einer Geräteanordnung

Es gibt eine Gruppe von Vorlagen, die ohne besondere Umgestaltung als
Strichvorlagen zu verwenden sind. Hierfür sind Motive geeignet, deren
Bildinhalt in den Strukturen und Umrissen, also nicht in Zwischentönen, enthalten ist. Das trifft für viele architektonische Vorlagen
zu, für einen Teil von Pflanzen- und Tieraufnahmen, hingegen nicht
für wenig strukturierte Geräteanordnungen. Soweit nicht ausnahmsweise
(wie in Bild 5-10) die Schatten zur Bildaussage gehören, ist es im
allgemeinen vorteilhaft, eine flache (aus der Aufnahmerichtung kom-
mende), wenig Schatten ergebende Beleuchtung zu wählen. Oft wird ge-

streutes Licht angebracht sein. Es
ergibt allerdings geringere Kontraste, so daß das Umkopieren etwas aufwendiger wird. Das Negativ
vergrößert man mit verschiedenen
Belichtungszeiten auf extrahart
arbeitendes Papier, vorzugsweise
im Format 13 cm x 18 cm oder auch
größer. Diese Positive zeigen
meist noch nicht ausreichenden
Kontrast. Man kopiert sie noch
zweimal in gleicher Weise um.
Das kann u. a. geschehen, indem
man das Papierpositiv Schicht
auf Schicht, mit einer Glasplatte beschwert, wiederum auf
extrahartes Papier kopiert. Hierzu ist papierstarkes Fotopapier

Bild 5-9: Extraharte Kopie

Bild 5-10: Extraharte Kopie

besser geeignet als kartonstarkes Papier. Ebenso verfährt man noch
einmal mit dem Papiernegativ. Bei genügend großen Zwischenformaten
ist der unvermeidliche Verlust an Bildfeinheiten gering. Vorteilhaft
führt man diese Kopiervorgänge mit verschiedenen Exemplaren der ersten, unterschiedlich gedeckten Papierpositive aus. Zunächst ist nämlich nicht vorauszusehen, welche der Belichtungsstufen das endgültige,
befriedigend abgestufte Strichbild ergeben wird.

Es ist offensichtlich, daß sich solche Strichbilder in einfacher Weise
korrigieren oder anderweitig verändern lassen. Dazu ist kein Zeichentalent nötig. Hintergrundteile oder andere, störende Bildelemente
lassen sich mit Tusche im Papiernegativ abdecken, im Positiv mit Ab-
schwächer entfernen. Benutzt man Filmkopien, so kann man für Korrekturen Retuschierfarbe benutzen. Von einer Stufe zur anderen wird es günstig sein zu prüfen, inwieweit Handergänzungen nötig sind, um die
Konturen vollständig zu erhalten. Diejenigen Umrißteile, die sich in
der Vorlage mittelgrau darstellen, werden ja entweder zu ganz hellen
oder ganz dunklen Teilen und damit oft lückenhaft dargestellt. Solche
von Hand ergänzten harten Kopien stehen dann zwischen den in 5.2 erwähnten Zeichnungen mit fotografischer Hilfe und fotomechanisch gewon-
nenen Strichzeichnungen.

Welche Teile eines gegebenen Negativs am Ende schwarz und welche
Teile weiß erscheinen, entscheidet neben Entwicklungsart und -dauer
vor allem die Schwärzungsabstufung des ersten Papierpositivs, also
hauptsächlich dessen Belichtungszeit. Die folgenden Kopiervorgänge
ändern daran nur noch wenig. Bei der Herstellung dieses Bildes kann
man durch Nachbelichten/ Abwedeln dafür sorgen, daß eine einheitliche
Abstufung auftritt, so daß die bildwichtigen Teile gemeinsam dunkel
oder hell erscheinen, oder beabsichtigte Veränderungen anbringen.

Ein besonders einfaches Arbeitsverfahren - überwiegend ohne Dunkel-
kammertätigkeit - ist das Bearbeiten mittels eines Fotokopiergerätes.
Solche Geräte liefern bekanntlich vom Positiv wieder ein Positiv in
Originalgröße. Das ist bei der Bearbeitung der Bilder 5-9 und 5-10 geschehen. Solche Fotokopien lassen sich bequem und preiswert anfertigen; die Wirkung von Änderungen läßt sich stufenweise überprüfen. Von
Vorteil ist auch die besonders einfache Möglichkeit der Korrektur in

den Teilbildern, z. B. durch Abdecken, Übermalen oder Zusammenkleben.
An die Geräte werden hierbei allerdings einige Forderungen gestellt,
die erfahrungsgemäß nur neuzeitliche, gut gewartete Bauarten erfüllen: Das Kopiergerät muß Kopien liefern, die kontrastreicher als die
Vorlage sind (die also nicht nur aus dunkel- und hellgrauen Stellen
bestehen). Kopierfehler wie Flecken, Streifen usw. dürfen nicht auftreten. Dazu sollen Helligkeit und Kontrast (womöglich stufenlos)
wählbar sein. Nur die Vergrößerung vom Ursprungsnegativ ist dann noch
fotografisch in üblicher Weise herzustellen. Man verwendet hierzu
extrahartes, am besten mattes Papier. Es erlaubt einfacher, Korrekturen anzubringen. Schon in dieses Halbtonbild trägt man Begrenzungen,
die sich nicht ausreichend abzeichnen werden, mit Faserstift oder
Tusche ein bzw. zieht helle Linien (Schneidfeder, Rasierklinge). Solche Korrekturen sind oft notwendig oder zweckmäßig, um nicht nach
den Kopiervorgängen unvollständige Konturen zu erhalten. Daß dieses
erste Bild nun sehr unnatürlich aussieht, spielt keine Rolle. Zur
Kontrasterhöhung kann man auch in weiteren Grenzen, als es das zuvor
beschriebene direkte Kopieren erlaubt, Teile zusammenkleben, den Hintergrund mit Abdeckfarbe (Deckweiß/ Tippex) hell tönen usw. Bei jeder
Kopie mittels des Kopiergerätes nun wird das Bild härter, immer vorausgesetzt, Kontrast und Deckungsgrad werden zweckmäßig gewählt. Man
kann das Bild bei diesen Kopiervorgängen, soweit das Gerät auch eine
Verkleinerung erlaubt, stufenweise vom zweckmäßig großem Ausgangs-
format (z. B. A 4) auf die gewünschte endgültige Größe verkleinern.
In jeder Stufe korrigiert man kleine Kopierfehler (einzelne Punkte,
nicht ganz gedeckte dunkle Stellen). Vor allem die Bildschatten muß
man oft noch ergänzen, da viele der Geräte große, zusammenhängende
dunkle Teile nicht ganz deckend wiedergeben. Eine schwache Maserung
in den schwarzen Teilen schadet nicht. In der endgültigen Vorlage zur
Reproduktion oder für Schnelldruckverfahren können ohne Nachteil noch
helle und dunkle Grautöne enthalten sein. Sie werden beim Druck zu
Schwarz oder Weiß.

Wie gesagt, hat dieses einfache Verfahren natürliche Grenzen. Es
führt z. B. zu unbefriedigender Wiedergabe, wenn man versucht, sehr
kontrastarme, einheitliche Vorlagen oder Motive mit charakteristi-
schen Halbtönen, etwa Porträtaufnahmen, so zu vervielfältigen. Allenfalls ist es brauchbar, wenn man schon bei der Aufnahme (durch seit-

liche Beleuchtung) den Kontrast betont hat und wenn die unvermeidlichen Vereinfachungen nicht stören bzw. erwünscht sind. In technischen Objekten wird durch extraharte Wiedergabe häufig das Wesentliche der Gestalt hervorgehoben und Unwesentliches unterdrückt.

In 3.4 wurden Oszilloskopaufnahmen erwähnt, die in der Praxis häufig wiedergegeben werden müssen. Aus den früher genannten Gründen scheint es zunächst so, als müßten diese Aufnahmen mit Halbtönen dargestellt werden, um auch das Raster zu zeigen. Das ist jedoch nicht der Fall, wenn man einen gewissen Bearbeitungsaufwand hinnimmt. Eine reine Strichzeichnung wäre ungleich besser wiederzugeben und auszuwerten. Hierzu muß demnach die Kurve und das Raster denselben Ton annehmen. Eine helle Kurve auf dunklem Grund scheint die natürliche Wiedergabe zu sein, ist aber weniger gut zu vervielfältigen als ein Negativ hiervon. Die Aufgabe ist demnach, den Tonwert des Rasters umzukehren und beide gemeinsam auf hellem Grunde darzustellen.

Es ist offensichtlich, daß man das Positiv der Kurvendarstellung mit einem Negativ des Rasters zur Deckung bringen muß, um von dieser Kombination (nach einem weiteren Kopiervorgang, der die Tonwerte umkehrt) die beschriebene Darstellart zu erhalten. Das ursprüngliche, weiche Negativ wird zunächst mit unterschiedlichen Belichtungszeiten auf hart arbeitenden Film vergrößert. Ziel ist einesteils ein Auszug, der die Kurve allein (hell) auf einheitlich dunklem Untergrund zeigt, andererseits ein Film, in dem nur das Raster dunkel, Untergrund und die Kurve aber hell erscheinen. Die Herstellung des

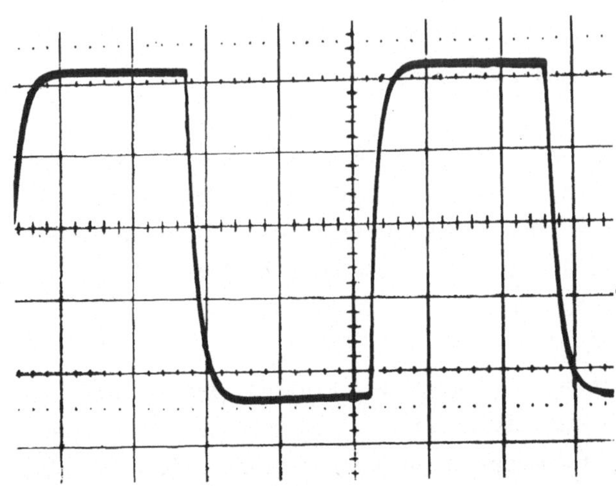

Bild 5-11: Bearbeitete Oszilloskopaufnahme nach Bild 3-9 (S. 55). Teile des Rasters sind von Hand nachgezogen worden

zweiten Filmes macht etwas Mühe, da der Kontrast zwischen dem Untergrund und dem Raster meist nur mäßig ist. Auch im Falle, daß der Kontrast im Bild ausreicht, muß man diesen Auszug unterbelichten. Um trotzdem hinreichend Deckung in diesen Auszug zu bekommen, wird man vielfach zwei bis drei kurz belichtete Filme zur Deckung bringen müssen, damit der Film kopierfähig wird. Durch Umkopieren auf dieselben, hart arbeitenden fototechnischen Filme läßt sich der Kontrast weiter steigern. Nachdem man zwei Teilbilder mit Kurve und mit Raster allein erhalten hat, bringt man sie (im allgemeinen mittels Paßmarken, vgl. in 4.5) zur Deckung, kopiert diesen Film noch einmal hart auf Film oder Papier und gewinnt hiervon das endgültige Papierbild.

5.4 Umrißzeichnungen auf fotografischem Wege

Es gibt eine Reihe von Aufgaben, die es sinnvoll erscheinen lassen, aus einem Halbtonbild eine Zeichnung herzustellen, die jedoch keine größeren, zusammenhängenden dunklen Flächen mehr zeigen soll, sondern nur aus gleichbreiten Umrißlinien besteht. Beispielsweise werden hiermit in Gebrauchsanweisungen elektronischer Teile Stellen der Leiterplatten bezeichnet, an denen Änderungen vorgenommen werden sollen, wo Teile zusätzlich einzulöten sind usw. Eine Umrißzeichnung ist hierfür weitaus besser geeignet als ein Bild mit Schatten und der körperlichen Wirkung der Bauteile. Auch für Handzeichnungen ist ein solches Linienbild eine große Hilfe. Es enthält alle Teile maßstäblich und formgetreu.

Aufnahmen, die sich für die folgenden Umwandlungstechniken eignen sollen, weisen mit Vorteil keine Schlagschatten der Teile auf, was, wie erwähnt, z. B. durch Aufnahmen mit bewegter Lichtquelle möglich ist. Die Umrisse aller Teile sollen sich klar, auch gegen den Hintergrund, abheben.

Eine der Möglichkeiten, Linienbilder aus Halbtonvorlagen zu erhalten, die Pseudosolarisation, ist schon erwähnt worden. Ein anderes beruht auf folgendem. Wenn man ein stark gedecktes, hartes und scharfes Positiv mit einem gleichartigen Negativ zur Deckung bringt, so sollte die gesamte Fläche einheitlich dunkel sein. Negativ und Positiv er-

gänzen sich ja gerade zu hoher Schwärzung. Verschiebt man aber eines
dieser Teilbilder um einen kleinen Betrag, so entstehen auf einer
Seite helle Konturen. Um auf diese Weise vollständige Umrißlinien zu
erzielen, wäre das zweimal in diagonal entgegengesetzte Richtungen
vorzunehmen und Kopien der Filme, die sich so ergeben, zur Deckung
zu bringen. Ein einfacheres Verfahren belichtet die beiden Filme, die
mit einer mattierten Zwischenlage zur Deckung gebracht worden sind,
in gestreutem Licht /25/ oder, mit einer klaren Zwischenlage, die
z. B. aus den beiden Trägerfilmen bestehen kann (Montage der Filme
ausnahmsweise Rücken an Rücken), durch Lichtauffall schräg aus allen
Richtungen /18/. Das läßt sich erreichen, indem der zu belichtende
Film, die Vorlage und die abdeckende Glasplatte während der Belichtung rotieren. Für Zeiten über 10 s kann man einfach die Positiv-
Negativ- Kombination langsam im schräg auffallenden Licht drehen. Es
genügt auch, nacheinander das Licht aus mehreren Richtungen einfallen
zu lassen. Kleine Ungleichmäßigkeiten des Auffalles sind unbedeutend.

Die Grenzlinien ent-
stehen nach dem glei-
chen Verfahren wie zu-
vor, nur werden die
beiden Filme gewisser-
maßen nacheinander in
jeder Richtung ver-
schoben. Vorteilhaft
ist hierbei besonders,

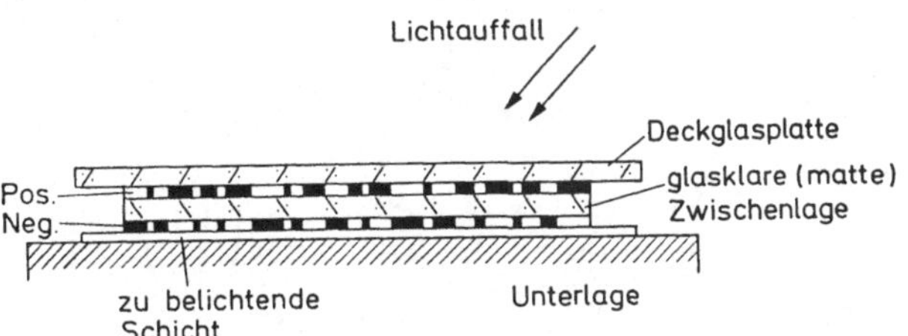

Bild 5-12: Prinzip der Erzeugung von Umrißlinien

daß die gewünschte Linienbreite in weiten Grenzen (durch die gewählte
Dicke der Zwischenlage und den Winkel des Lichtauffalles) festgelegt
werden kann und alle Konturen gleichmäßig breit erscheinen. Das
Linienbild kann unmittelbar auf dem Fotopapier entworfen werden. Nur
in Ausnahmefällen muß es nochmals auf Film umkopiert werden.

Für denselben Zweck gibt es noch eine Reihe weiterer Verfahren. Die
Methode mit Äquidensitenfilm ist schon in 4.7 aufgeführt worden. Andere Verfahren, die im Laufe der Zeit beschrieben worden sind, erscheinen weniger günstig, da sie nur unsicher reproduziert werden
können.

Die entstehenden Linienstrukturen bedürfen oft noch einer gewissen
Bearbeitung. (Das ist aber in Bild 5-13 nicht geschehen.) Teile des
Bildes, z. B. Schrift, und unerwünschte (Doppel-) Konturen sind abzudecken oder unvollständige Konturen nachzuziehen. Schwärzungsabstufungen in den Objekten, also z. B. Oberflächenreflexe, liefern un-
klare Figuren, die man nachträglich zu beseitigen hat, wenn die Aufnahme nicht anders möglich war. Alle diese Nacharbeiten von Hand sind
verhältnismäßig einfach. Wichtig ist vor allem, daß fotografisch er-
zeugte Umrißlinien auch bei vielfältigen, komplizierten Strukturen
nicht mehr Aufwand verursachen als bei einfachen Formen.

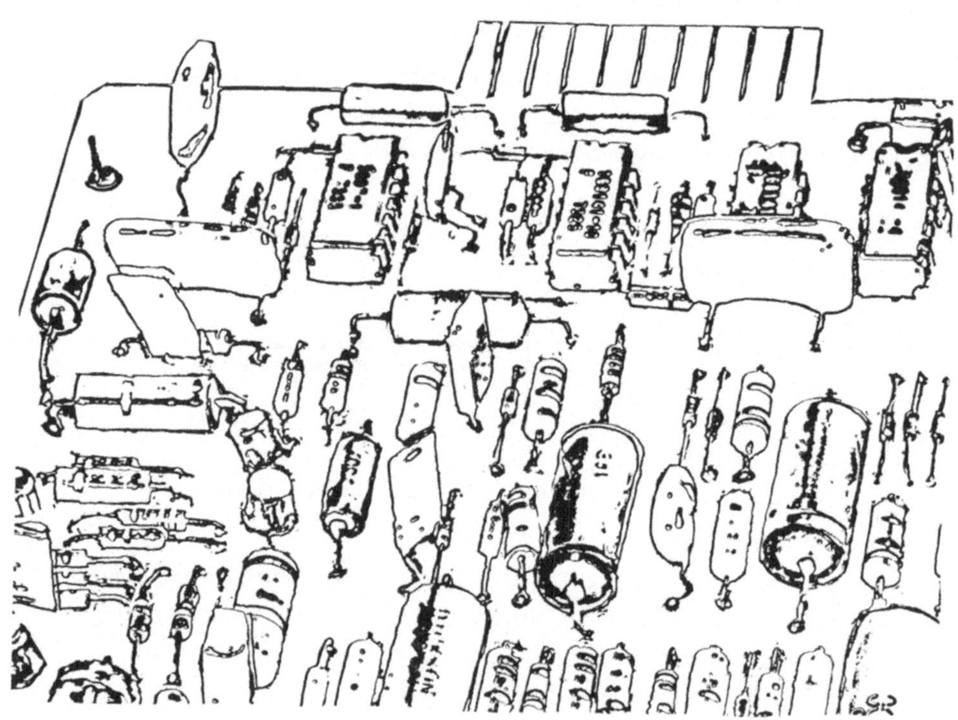

Bild 5-13: Umrißlinien in einem Leiterplattenbild

Aus gegebenen Vorlagen reproduzierte Strichbilder oder Äquidensiten
zeigen oft nur schmale Linien. Man möchte sie <u>verbreitern</u>, ohne daß
eine Handbearbeitung nötig wird. Diese Aufgabe wird gelöst, indem man
das vorliegende Bild auf Film reproduziert und etwas unscharf ver-

größert. Es läßt sich auch ein Film kopieren, wobei man zwischen die
beiden Schichten ein mattiertes Blatt (Film, Transpartentpapier)
legt. Das unscharfe Bild wird nun nochmals auf extrahart arbeitende
Repromaterialien oder mit einem Fotokopiergerät kopiert, wodurch man
scharfe, nun breitere Konturen erhält. Bei genauer Prüfung stellt
sich allerdings heraus, daß die Formen nicht vollständig gleich sind,
sondern geringfügig verändert werden. So sind scharfe Ecken abgerun-
det. Diese Verformung fällt jedoch meist nicht ins Gewicht.

5.5 Die Isohelie als Umwandlungstechnik

Die Isohelie als extremes Tontrennungsverfahren ist schon im Abschnitt 4.4 erwähnt worden. In der bildmäßigen Fotografie stellt man
damit plakativ wirkende Bilder her, die nur aus wenigen Halbton-
(oder Farb-) Stufen zusammengesetzt sind. Nachfolgend soll gezeigt
werden, daß sich diese Methode auch gut dazu eignet, Strichzeichnungen mit Halbtonnachahmungen (Schraffuren usw.) rein fotografisch aus
Halbtonvorlagen zu erzeugen. Technische Hinweise waren im Abschnitt
4.5 gegeben worden.

Das einfachste Verfahren ergibt im Bild nur <u>einen</u> Halbton. Man stellt
mehrere Tonauszüge her, die auf sehr hart arbeitende Schichten umkopiert werden. Meist wird man hierfür Lithofilme benutzen. Aus
Preisgründen kann man auch erwägen, extrahartes Fotopapier zu verwenden, zumindest für weniger wichtige bzw. ausreichend große Vorlagen, vgl. 5.3. Für das erste Positiv genügen 2 ... 3 Vergrößerungen. Von ihnen stellt man je zwei Kopien mit Belichtungszeiten her,
die sich etwa wie 2:1 bis 3:1 verhalten. Die Negative sind nunmehr
schon so hart, daß je eine Kopie mit der richtigen, reichlich gewählten Belichtungzeit ausreicht. In den Kopien (Positiven) erkennt man
nun, ob die Verteilung der gedeckten und ungedeckten Teile in er-
wünschter Weise erfolgt, ob also mittelgraue Teile zu weiß oder zu
schwarz gezählt werden. An dieser Stelle wählt man zwei der Auszüge
und bearbeitet sie in der folgenden Art weiter. Sofern man die Zwischenkopien auf Fotopapier angefertigt hat, muß jetzt ein Film
- wieder durch Kopie Schicht auf Schicht - von jedem Auszug angefertigt werden.

Nunmehr liegen zwei unterschiedliche Tonauszüge des Ursprungsnegatives vor, die nur helle und dunkle Teile zeigen. Das Positiv denjenigen Auszuges, der geringer gedeckt ist, d. h. der nur die dunkelsten Stellen geschwärzt zeigt, wird so kopiert, daß das entstehende Negativ eine flächenhafte Struktur erhält. Das ist möglich, indem man mit dem Licht des Vergrößerungsgerätes kopiert; in der Filmbühne liegt ein Struktur- oder Rasternegativ. Aus Kontrast- und Schärfegründen ist es oft vorteilhafter, das genannte Positiv mit einer der käuflichen, selbstklebenden Folien (auf der Schichtseite) zur Deckung zu bringen. Die Kopie hiervon zeigt ganz ungedeckte Bildteile (die im endgültigen Positiv ganz dunklen Stellen) und gerasterte Teile (die Mitteltöne wie auch die im Papierbild ganz hellen Stellen). Dieses Negativ wird mit dem anderen Negativ, das nur die künftig ganz hellen Bildteile geschwärzt zeigt, genau zur Deckung gebracht. Die beiden Teilnegative sind möglichst hart und ganz gedeckt, also nicht (wie in der bildmäßigen Isohelie) wenig geschwärzt. Die harte Kopie der Filmkombination zeigt drei Tonwerte, neben Schwarz und Weiß den durch Schraffur nachgebildeten Halbton. Das Muster in den hellen Tei-

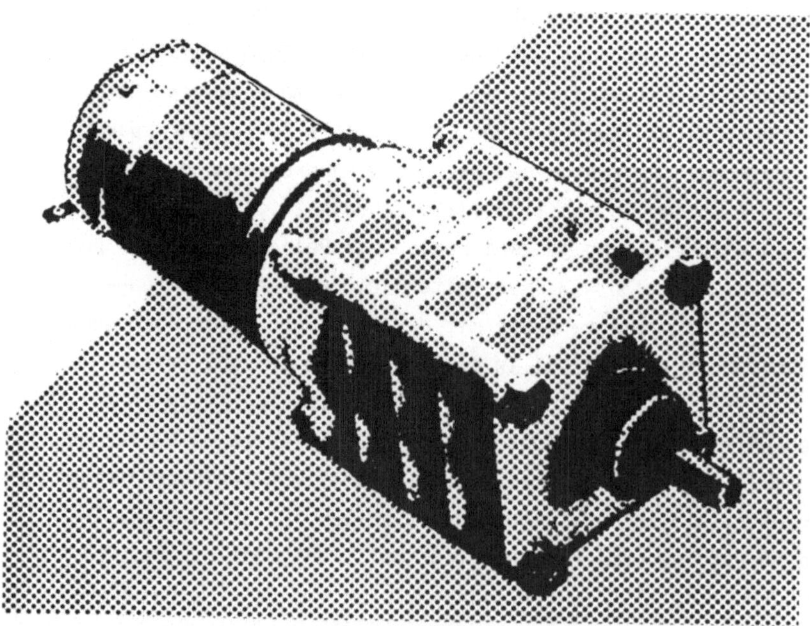

Bild 5-14: Strichwiedergabe aus zwei Teilfilmen

len des Positivs wird durch den ungerasterten Film abgedeckt. In Bild
5-14 ist der Deutlichkeit wegen die Halbtonmusterung etwas größer gewählt, als es für viele Zwecke sinnvoll wäre. (Man betrachtet dieses
Bild am besten aus etwa 1 m Entfernung.) Wie man erkennt, ist hier
das Raster nur in einen Teil des Filmes eingeklebt worden. Solche Ab-
änderungen bieten sich vielfach an.

Dieses Verfahren erscheint recht einfach, doch sind einige Besonderheiten zu beachten. Selbst ausgeglichen beleuchtete Aufnahmen zeigen
Flächen gleicher Helligkeit nicht durchweg mit gleicher Schwärzung.
Es kann daher geschehen, daß Teile derselben Fläche nach der Umwandlung zu Weiß, andere zu Mittelgrau gezählt werden, was den Bildein-
druck erheblich stört. Ein Teil der Kanten muß von Hand - auf dem
Film oder im endgültigen Papierbild - nachgezogen werden, wie es ähnlich schon im Teil 5.3 erwähnt wurde. Nicht alle Motive sind gleichermaßen für die Strichumwandlung geeignet. Feine Grauschattierungen lassen sich nur schwer befriedigend wiedergeben.

Für anspruchsvollere Zwecke werden neben Schwarz und Weiß zumindest
zwei Tonstufen wiederzugeben sein. Wenn die Bildteile, die verschieden gerastert werden sollen, deutlich getrennt sind, so kann man einfach unterschiedliche Raster aufkleben, weitgehend unabhängig davon,
wie diese Flächen in der Vorlage erschienen sind. Das ist im folgenden
Bild 5-15 geschehen. Das dargestellte Gerät besteht fast nur aus ganz
hellen und ganz schwarzen Teilen. Nur die Lüftungsschlitze sind noch
dunkler. Um die Oberseite differenziert darstellen zu können, ist der
oberen Deckfläche wie auch den anderen dunklen Flächen ein Rasterton
gegeben worden (durch Bekleben des Negativs - nicht des Positivs -
mit verschiedenen Rasterfolien; das Positiv hiervon wurde danach mit
dem Positivauszug für die ganz dunklen Stellen zur Deckung gebracht).
In anderen Fällen sind die Teile nicht geometrisch zu trennen. Um ein
Strichbild mit n verschiedenen Helligkeits- (Raster-) stufen herzustellen, sind (n-1) Tonauszüge nötig. Da jeder Auszug mehrere Kopien
voraussetzt, wächst damit der Gesamtaufwand wesentlich an. Es ist daher abzuwägen, ob dies durch den Informationsgewinn im Bild aufgewo-
gen wird. Die Art des Rasters, die ihrerseits von der Vorlage beeinflußt wird, bestimmt, ob die dunkleren Halbtöne durch Überlagerung
mehrerer Raster oder durch ein anderes, dichteres Raster entstehen

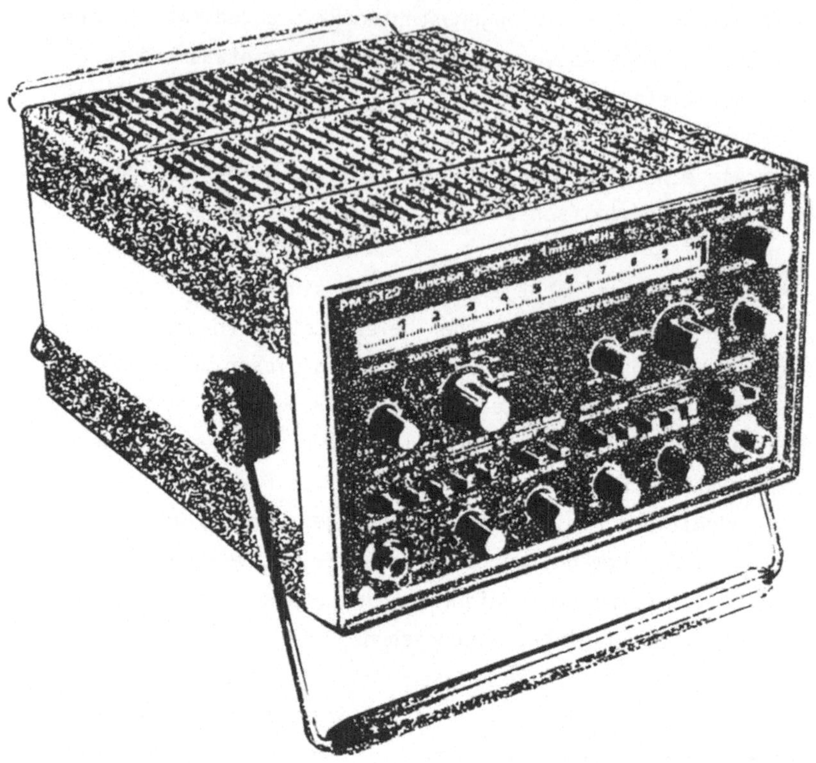

Bild 5-15: Isohelie aus zwei Teilfilmen und verschiedenartigen Rastern

sollen. Der erste Fall ist weitaus einfacher und verläuft genauso, wie
zuvor für einen Halbton beschrieben, nur eben mit mehr als zwei Tonauszügen. Unregelmäßige Strukturen oder gegenläufige Schraffuren lassen sich ohne weiteres überlagern. Hingegen ist es schwierig und daher nicht zu empfehlen, regelmäßige Punktmuster, z. B. mit verschieden großen Punkten in gleichen Abständen, oder gleich orientierte
(verschieden dichte oder breite) Schraffuren zur Deckung zu bringen.
Hierbei wären ganz enge Toleranzen einzuhalten, was nach diesem Verfahren kaum erreichbar ist. Für zwei verschiedene Halbtöne, die oft
zur Darstellung von fein abgestuften Objekten ausreichen, spart man
in dem Tonauszug, der die mittleren Töne zeigt, die Fläche aus, in
der der andere Halbton erscheinen soll. Ein Auszug wird hierzu als
Kopiermaske benutzt. Das Schema in Bild 5-16 zeigt das Vorgehen, nach
dem z. B. Bild 5-17 erzeugt wurde. Das Bild 5-18 gibt noch ein Bei-

108

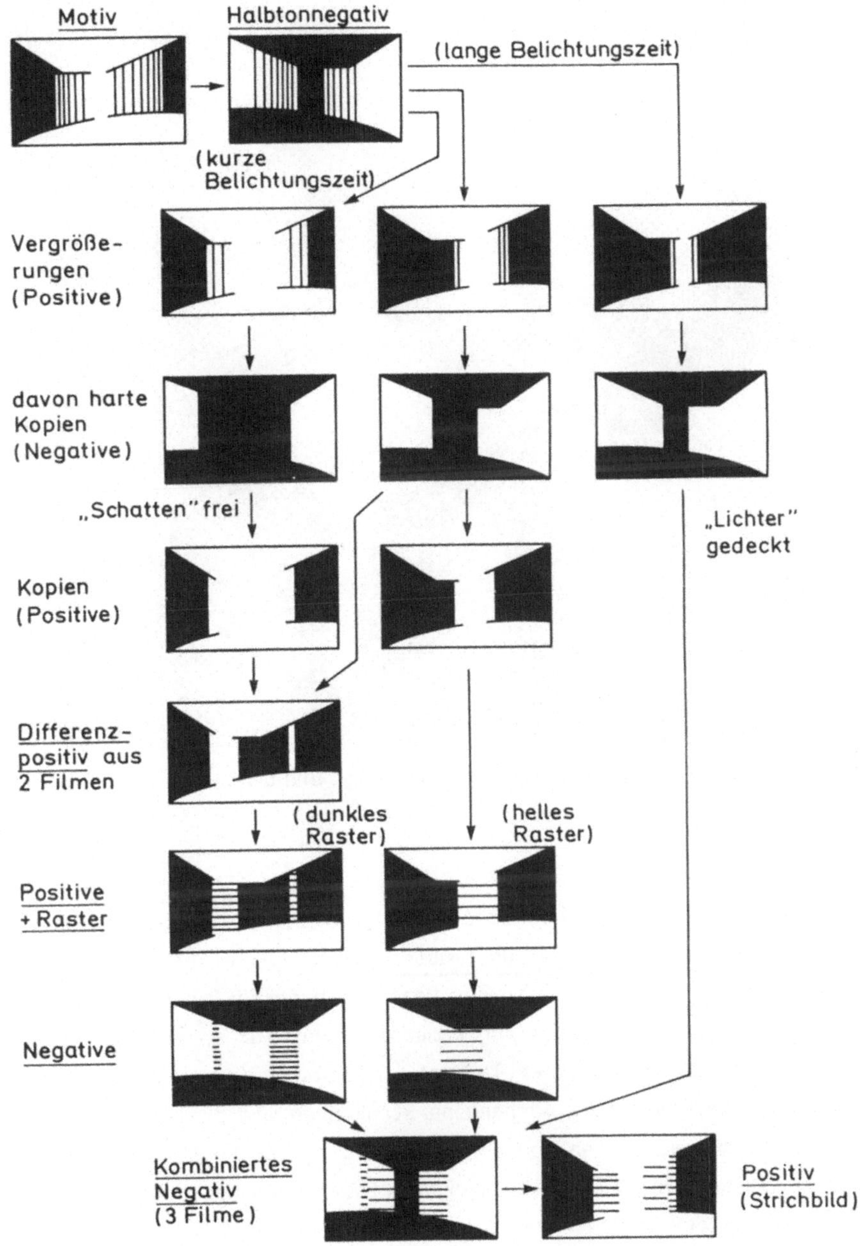

Bild 5-16: Prinzip der Erzeugung von Strichzeichnungen mit zwei, sich nicht überlagernden Halbtönen

spiel aus mehreren Tönen (hier als Ausschnittvergrößerung, um die
Teilmuster zu zeigen) wieder, das offensichtlich rein fotografisch
erzeugt worden ist.

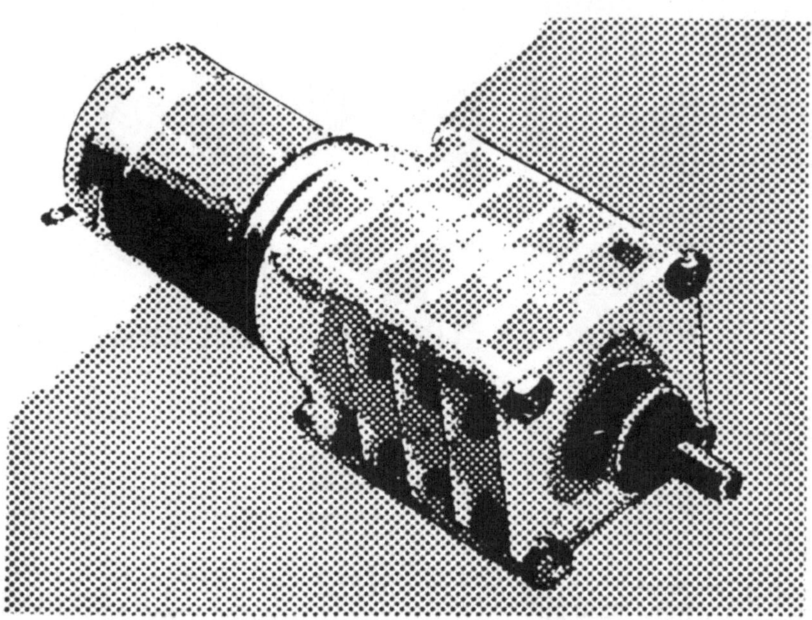

Bild 5-17: Strichwiedergabe mit drei Teilfilmen, vgl. Bild 5-14

Nicht jede Rasterart eignet sich für alle Motive. Strichraster ergeben abstrakte, sehr schematische Darstellungen. Viele Oberflächen
werden durch unregelmäßige Punktmuster gut dargestellt, vor allem
natürlich solche, die auch in der Realität eine ähnliche Oberfläche
haben, z. B. das Kunstleder von Kamerabezügen. Für mehrere Halbtöne
können unterschiedliche, regelmäßige Punktmuster (ohne Überlagerung)
sinnvoll sein. Im Objekt vorhandene Strukturen wie Skalen, Gewinde
usw. nimmt man am besten von der Tonzerlegung (durch Abdecken in den
Auszügen) aus und stellt sie unverändert dar. Wenn auch das Endformat
des Strichbildes gegeben ist, so wird man doch die Zwischenbilder in
größeren Abmessungen bearbeiten und das endgültige Papierbild z. B.
mit einem Fotokopiergerät verkleinern.

Es braucht nicht weiter ausgeführt zu werden, daß Strichisohelien
sowohl fotografisch (durch Nachbelichten oder Abwedeln der ersten

110

Halbtonvergrößerung, Hintergrundänderung usw.) als auch manuell weitgehend bearbeitet werden können. Es ist beispielsweise leicht, Konturen, die nicht vollständig wiedergegeben sind, zu ergänzen. In den
letzten gedeckten Positiven und Negativen hat man auch mit Abdeckfarbe kleinere Fehler, Kratzer usw. unsichtbar zu machen. Feine Zah-

Bild 5-18: Vergrößerter
Ausschnitt einer Halbton-/
Strich-Wandlung mit
mehreren Arten vonein-
ander unabhängiger Halbtöne

len, Skalen und andere Details kann man mit Schneidfeder und Lupe
im Negativ (also in gedeckten Teilen) nachziehen. Das ist einfacher,
als sie mit Abdeckfarbe im Positiv zu ergänzen. Bildveränderungen jeder Art oder Kombinationen nicht zusammengehöriger Teile lassen sich
unkompliziert, z. B. als Klebemontagen in den endgültigen Papierbildern, vornehmen. Bei der ersten Vergrößerung und den folgenden Stufen
kann man weitgehend von Hand eingreifen, z. B. Teile aus anderen Auszügen einkleben, nachbelichten usw. Schon die passende Wahl der Auszüge hat zusätzlich den Effekt der Tontrennung. Sehr unterschiedlich
gedeckte Teile lassen sich ohne weiteres gemeinsam darstellen. Für
diese Wandlung sind auch körnige Negative, Objekte mit Schlagschatten
oder anderen Mängeln gut geeignet. Man kann z. B. einzelne punktför-
mige Fehlstellen leicht ergänzen oder in den einheitlichen Ton ein-
beziehen, so daß der Mangel nicht zu bemerken ist.

Literaturverzeichnis

/1/ G. Teicher, Handbuch der Fototechnik. Fotokinoverlag Leipzig
1977

/2/ W. Diehl, Fotografieren in Technik, Wissenschaft und Wirt-
schaft. W. Knapp Verlag Düsseldorf 1981

/3/ G. Schröder, Technische Fotografie. Vogel- Verlag Würzburg 1981

/4/ F. Freier, Fotos selbst entwickeln- selbst vergrößern. DuMont
Buchverlag Köln 1985

/5/ R. Fabian, Die Fotografie als Dokument und Fälschung. Kurt
Desch Verlag München 1976

/6/ H. Mucke, Anaglyphen- Raumzeichnungen. B. G. Teubner Leipzig
1970

/7/ G. Spitzing, Infrarot- und UV- Fotografie. Laterna magica
München 1981

/8/ O. Croy, Alles über Nahaufnahmen. Heering- Verlag Seebruck
1975

/9/ J. A. Fedotov, Fotolithografie. VEB Verlag Technik Berlin 1974

/10/ H. J. Torke, Methodik der photooptischen Analyse von Arbeitsab-
läufen in der Unfallverhütung. Bundesanstalt für Arbeitsschutz
Dortmund, Forschungsbericht 128. Wirtschaftsverlag Nordwest
Wilhelmshaven 1974

/11/ H. Greif, Meßwert- Registriertechnik. Reihe Automatisierungs-
technik 53. VEB Verlag Technik Berlin 1967

/12/ G. Vieth, Meßverfahren der Photographie. R. Oldenbourg München/
Focal Press London 1974

/13/ H. Clauß, Filterpraxis. Fotokinoverlag Leipzig 1974

/14/ G. Isert, Blitztips. Habegger- Verlag Derendingen- Solothurn
1975

/15/ G. Blitz, Blitzen mit Pfiff. W. Strache Stuttgart o. J.

/16/ O. Croy, Reproduktion und Dokumentation. Heering- Verlag Seebruck 1964

/17/ H. Freytag, Tageslicht, Kunstlicht, Blitzlicht. Grundzüge der
Beleuchtung in der Fotografie. W. Knapp Verlag Düsseldorf 1976

/18/   P. Croy, Grafik, Form und Technik. Musterschmidt Göttingen o.J.

/19/   J. Czech, Oszillografen- Meßtechnik. Verlag für Radio- Foto-
       Kinotechnik Berlin- Borsigwalde 1970, S. 344

/20/   H. Götze, Praktische Retusche. Foto- u. Schmalfilmverlag
       Gemsberg, Winterthur/ München 1974

/21/   A. Ullmann, Fototricks. Fotokinoverlag Leipzig 1974

/22/   M. Schiel, Tontrennungsverfahren in der bildmäßigen Fotografie.
       W. Knapp Verlag Halle (S) 1948

/23/   W. Krug, Wissenschaftliche Photographie in der Anwendung. Aka-
       demische Verlagsgesellschaft Geest & Portig Leipzig 1976

/24/   H. Greif, Photographische Darstellung von Leuchtdichtevertei-
       lungen. Lichttechnik 13 (1961), 53 ... 55 und 404

/25/   O. Croy, Schritt um Schritt zur Fotografik. Heering- Verlag
       Seebruck 1972

/26/   o. Verf., Agfacontour Professional in der Photographie. Agfa-
       Gevaert AG Leverkusen 1971

/27/   O. Croy, Photos helfen zeichnen. Verlag K. Thiemig München 1971

/28/   G. H. Magnus, Handbuch für Grafiker. DuMont Buchverlag Köln
       1984, S. 66

/29/   P. Lundqvist, Information Foto. Fotografik in Schwarz- Weiß
       und Farbe. Laterna magica J. F. Richter München 1977

/30/   G. Spitzing, Fotogramme mit allen Schikanen. W. Knapp Verlag
       Düsseldorf 1977

Bildquellenverzeichnis

2-2   Werkbild Humboldt Wedag AG Köln

2-3 und 2-4 Mit freundlicher Erlaubnis des C. Hanser Verlages Mün-
        chen aus Feinwerktechnik u. Meßtechnik 92 (1984), 3, 121

2-5   Werkbild Humboldt Wedag AG Köln

4-4   Plakat der Fa. Lürzer, Conrad u. Leo Burnett Frankfurt (Aus-
        führung: RI Kaiser, Hamburg) für die Bank für Gemeinwirtschaft

4-12 Vorspann- Werbung Dr. G. Scherer Heilbronn für Zentro- Elektrik
        Pforzheim, als Anzeige veröffentlicht in Elektronik 1984, 10,
        S. 29

5-5   aus R. Hugershoff, Photogrammetrie und Luftbildwesen.
        J. Springer Verlag Wien 1930, S. 56

5-8   aus R. W. Pohl, Elektrizitätslehre, 20. Auflage 1967.
        Springer- Verlag Berlin ..., S. 53

5-18 mit freundlicher Genehmigung der SKF Kugellagerfabriken
        Schweinfurt (Anzeige in Capital 6/1984, S. 47).

Alle anderen Bilder und Bildbearbeitungen vom Verfasser.

Sachwortverzeichnis